女性之间的
隐秘战争

EN FINIR AVEC
LA RIVALITÉ
FÉMININE

[法] 伊丽莎白·卡多赫
（Élisabeth Cadoche） 著
[法] 安娜·德·蒙塔尔洛
（Anne De Montarlot）
邢 佳 译

中国科学技术出版社
·北京·

En finir avec la rivalité féminine by Élisabeth Cadoche and Anne de Montarlot
Copyright©Les Arènes, Paris, 2022
This edition is published by arrangement with Les Arènes in conjunction with its duly appointed agents Books And More Agency #BAM, Paris, France and Dakai -L'agence.
Simplified Chinese edition Copyright©2025 by **Grand China Publishing House**
No part of this book may be used or reproduced in any manner whatever without written permission except in the case of brief quotations embodied in critical articles or reviews.

本书简体中文版通过 Grand China Publishing House（中资出版社）授权中国科学技术出版社有限公司在中国大陆地区出版并独家发行。未经出版者书面许可，本书的任何部分不得以任何方式抄袭、节录或翻印。

北京版权保护中心引进书版权合同登记号　图字：01-2024-5897

图书在版编目（CIP）数据

女性之间的隐秘战争 /（法）伊丽莎白·卡多赫，（法）安娜·德·蒙塔尔洛著；邢佳译 . -- 北京：中国科学技术出版社，2025.1. -- ISBN 978-7-5236-1038-1

Ⅰ . B84-49

中国国家版本馆 CIP 数据核字第 20245X4E46 号

执行策划	黄　河　桂　林
责任编辑	申永刚
策划编辑	申永刚
特约编辑	张　可
封面设计	东合社·安宁
版式设计	严　维　孟雪莹
责任印制	李晓霖

出　　版	中国科学技术出版社
发　　行	中国科学技术出版社有限公司
地　　址	北京市海淀区中关村南大街 16 号
邮　　编	100081
发行电话	010-62173865
传　　真	010-62173081
网　　址	http://www.cspbooks.com.cn

开　　本	787mm×1092mm　1/32
字　　数	192 千字
印　　张	8
版　　次	2025 年 1 月第 1 版
印　　次	2025 年 1 月第 1 次印刷
印　　刷	深圳市精彩印联合印务有限公司
书　　号	978-7-5236-1038-1/B·192
定　　价	69.80 元

（凡购买本社图书，如有缺页、倒页、脱页者，本社销售中心负责调换）

女性之间的隐秘战争

EN FINIR AVEC LA RIVALITÉ FÉMININE

"我或许已经很习惯于在努力保持冷静、咬紧牙关、紧握拳头的时候保持微笑……"

女性之间的
隐秘战争

EN FINIR AVEC
LA RIVALITÉ
FÉMININE

译者序
EN FINIR AVEC LA RIVALITÉ FÉMININE

是对手，是朋友，是我的天才女友

在我捧着《女性之间的隐秘战争》的法文原著，开始翻译的那一刻起，我就知道这不仅仅是一次文字上的转换，更是一次心灵上的旅行和意识上的转变。身为女性，这本书就像一位温柔而坚定的导师，带领我走进了女性内心深处那些或明亮或阴暗的角落，让我重新审视了女性之间那些被误解和忽视的关系。

有一次，我参加了我们高中同学聚会，这是我们毕业八年后的首次相聚。有的同学出国深造，满载而归；有的同学考上了公务员，稳定而光鲜；还有的选择了留在家乡，或是全心投入家庭生活中，过着富足安定、顺风顺水的小日子。表面上，大家都为彼此的成就而感到开心，但不经意间流露出的羡慕和嫉妒的眼神，却让气氛变得微妙起来。

随后，我和几个同学转战到了一家咖啡馆继续回忆往事。其中一位女同学提到了另一位不在场女同学的婚姻和职业选择，言语中带着些许评判和嘲讽。这引发了我的一位朋友的强烈反应，她认为每个人的选择都应该被尊重，不应该被别人评头论足。很快，这场原本和谐的聚会就演变成了一场辩论。最终，两位女性因为这件事互不相让，气氛一度变得十分尴尬。

那一幕让我久久不能平静。为什么我们无法简单地为彼此的不同人生道路喝彩，而是要在背后相互比较，甚至产生敌意？在《女性之间的隐秘战争》中，我找到了答案的线索。女性之间的比较和竞争，是我们内心不安的外在表现，真正的敌人，其实是我们自己的恐惧和不自信。

其实，我们每个人的生活轨迹都是独一无二的，没有所谓的标准答案。我们不必将自己的成功定义为"比别人好"，而是应该学会欣赏和庆祝每一种生活方式的独特之处。通过理解和尊重，我们也许可以结束无谓的竞争，共同建立一个更加和谐的女性社群。

书中有这样一个案例，讲述了两位工作中的女性如何从彼此的竞争对手转变为互相支持的朋友。这个故事让我想起了我的朋友小一和她的室友在考研过程中发生的一段温暖的故事。

在备考初期，由于两人立志要考进同一所名校的同一个专业，因此她们各自为政，默默把对方视作最大的竞争对手，隐藏自己的备考轨迹，彼此之间的交流也越来越少。

然而，随着考试的临近，考研的压力和复习的艰辛让她们都倍感孤独和焦虑。一次在图书馆，小一看到了她的室友气馁地胡乱翻着讲义，眼神中充满了疲惫，她就意识到，她们原来是一样的人，她们其实是战友。于是小一就走了过去，轻声问候了室友，两人终于开始了久违的交谈。

这一次，她们分享了各自的学习心得，也好好诉说了一番自己内心的恐惧和不安。她们也意识到彼此之间的竞争关系实际上是一种误解，真正的敌人是考试本身，以及那些无形的压力和期待。从那次对话之后，小一和室友就放下了对彼此的成见，开始相互支持和鼓励。她们一起讨论难题，分享学习资料，也在彼此心情低落时提供了安慰。

最后，虽然录取的学校并不符合最初的期待，但是两人也算是考研成功，顺利迈入了人生的新阶段。这一段在艰难时刻下互相鼓励和支持的情谊，也成了小一和她的室友后来每次面临挑战时的动力。这也是本书的作者想要传递的信息：

> 在面对生活中的种种挑战时，女性之间的团结和互助是无比强大的力量。当我们选择理解、尊重和支持，而不是孤军奋战，我们就能够共同克服困难，直至实现梦想。

翻译这本书的过程，让我多次被书中的故事感动到落泪，同时也因为想起了许多个类似小一和室友这样的故事而真心为女性力量而感到骄傲。

这本书不是高高在上地教授我们道理，而是像一位贴心的朋友，温柔地和我们诉说着女性之间的团结，比我们想象的要强大得多。在这个过程中，我们也能学会用一种更加柔软的视角去看待周围的世界，用一颗更加开放的心去理解和接纳其他女性。

这本书是可贵的。它不仅从经验式的、富含感性的层面来启迪我们，更是从历史根源、社会学依据、心理学、性别研究等角度谈到了何为女性之间的竞争，如何理解和应对它。因此，该书也是首次将"女性之间的竞争"这一概念以科学和实用、理性和感性并存的方式解构的著作。

这部作品不仅关于如何结束女性之间的有毒竞争，更关于如何在我们的社会中促进不同性别之间更深层次的理解和尊重。

当男性读者读完这本书时，也许他们能够跨越性别的界限，真正走进女性的内心世界。通过书中的故事和分析，男性也自然能理解女性在生活和职场中面临的挑战，感受她们对于友谊、支持和团结的渴望。这样的理解，将是建立一个更加和谐的社会的基石：在这里，男女平等不仅是口号，而是每个人都能够体会和实践的现实。

更进一步，这本书也向男性提出了一个重要的问题：如何成为支持女性团结的盟友？在日常生活中，无论是在家庭、工作场所还是社交圈，男性如何通过自己的行为和态度，鼓励和促进女性的相互支持和尊重？从认真聆听女性的声音，到在公开场合支持女性的意见，从反对性别歧视的言论和行为，到在家庭和职场中推动性别平等，每一个小小的行动都是重要的。要知道，当男性与女性携手共进，理解并尊重彼此的差异和价值时，我们才能共同创造一个更加公平、包容和美好的世界。

我相信，这本书一定能像一股温暖的春风，吹散女性之间的误会和隔阂，激发每一位女性内心深处对真正的友谊和纯粹的支持的向往，让我们在这个复杂的世界中找到属于自己的力量。无论是在职场还是生活中，无论是面对挑战还是庆祝成功，女性都应该是紧紧相依，共同成长的。

希望阅读这本书的所有女性读者及男性读者，都能从中找到一份平和，一份力量，一份对未来满满的希望。让我们一起探索、理解和实践女性之间的团结，让"姐妹情谊"成为彼此人生道路上最坚实的力量！

女性之间的
隐秘战争

EN FINIR AVEC
LA RIVALITÉ
FÉMININE

引 言
EN FINIR AVEC LA RIVALITÉ FÉMININE

姐妹情谊空前高涨的背后

2021年11月，以法国第一夫人布丽吉特·马克龙（Brigitte Macron）为焦点的一则消息在媒体平台广为传播，消息称布丽吉特实际上是一位变性人，因此她并非自己孩子的亲生母亲。这条消息在推特上被转发34 000次，与此相关的话题被标记57 000多次。一个月后，当被问及这一消息时，布丽吉特表示，她决定提起诉讼，因为她实在无法忍受自己被如此污蔑。在被问起她打算起诉谁的时候，她回答道："那些散布消息的人当中竟然有一些长期以来一直追随我的女性……"

布丽吉特并非首位遭受此类谣言困扰的女性。2017年，一位阴谋论节目主持人曾断言："米歇尔·奥巴马是变性人，这已经是众所周知的事情了。"不过更令人哑然的是：这些指控竟然都出自女性之口。

2019年11月，好莱坞明星基努·里维斯（Keanu Reeves）带着他的伴侣——比他小九岁的艺术家亚历山德拉·格兰特（Alexandra Grant）公开亮相，格兰特还自豪地展示着她的银白色头发。第二天，她便迎来了众多嘲讽之声，其间只夹杂着少许的祝贺。社交媒体上的恶毒评论不断涌现："她怎么这么老？""基努应该找个年轻人约会""她看起来有80岁""真希望他能找个年轻人生孩子……"不过令人震惊的是：这些批评依然出自女性。

还有基丽·沙耶·史密斯（Keely Shaye Smith），与曾饰演詹姆斯·邦德的丈夫结婚二十多年来，她的体重时常遭到八卦新闻和社交媒体的攻击。女歌手兼演员卢安（Louane）在女儿出生后，其飙升的体重也变成了网友们恶意攻击的对象，他们在网络上喊话"别再吃巧克力了"等。

我们不禁问，这些要求女性保持青春、美丽、瘦弱的标准本是由父权社会强加于女性的，但又为何被女性接受并传承？

姐妹情谊兴起

自 #MeToo 运动爆发以来，我们见证了姐妹情谊的空前高涨。**女性已经认识到，集体发声更有可能被听见，集体经历更具有颠覆性力量，而集结起来的痛苦也更易被关注。**

那个伤痛只属于个人且具有私密意味的时代已经一去不返，

现在，伤痛已成为集体连接的纽带，我们迎来了伤痛可被治愈的新纪元。姐妹情谊在广大女性的怀抱中绽放出生机，哪怕是"姐妹"这一称谓，都在预示着新时代的到来。

1975年，女性主义作家贝诺尔特·克鲁尔（Benoîte Groult）在《她的本性》（*Ainsi soit-elle*）一书中，尝试用一个甚至在字典里都找不到的词来命名这股势头，"由于找不到更好的词，只好称之为'姐妹情谊'（sororité）"。也因为这个词的广泛运用，我们不再需要引入其他新词来解释这一现象。近年来，"姐妹情谊"在女孩们的对话中、书籍标题上、各种会议中都被沿用，并逐渐在我们的生活中发光发亮，占据着一席之地。

禁忌的竞争

我们出版过一本关于女性和冒名顶替综合征的书《她世界》（*Le Syndrome d'imposture*），在撰写名为"女性之间"的章节时，我们采访了众多女性。这些采访内容不仅揭示了女性之间的嫉妒，还有女性之间的竞争所造成的种种伤害，在深受冲击的同时，我们意识到必须深入挖掘，不带偏见地了解女性参与竞争的真相。女性在竞争中扮演着怎样的角色？她们为何，以及以何种方式参与竞争？她们的参与带来了怎样的影响？

当我们提及女性之间的竞争时，有人会本能地去回复，并对此加以否认:"女性之间的竞争已经不存在了……"然后,我们还会被批评为本质主义者,执着于搞清楚事物是否有固定的属性和准确的定义。难道我们讨论女性之间的竞争的目的是想延续性别刻板印象?是想支持厌女者?

当然不是。我们之所以这样做,是因为讨论它被视为禁忌。但我们不能无视那些骚扰和羞辱他人的女性,掩盖事实并不能使问题消失。因此,我们将通过以下问题观察和分析女性之间的竞争,以便更好地理解这一现象,尝试解决其带来的潜在危机。

> 首先,女性之间的竞争究竟有什么问题,这一问题究竟又有多严重?我们是否真心为其他姐妹的成功感到高兴?当我们心仪的男性出现时,我们会不会认为其他女性与我们有潜在的竞争关系?在职场上,我们是否愿意与其他女性共享权力、荣誉和聚光灯?
>
> 其次,我们该如何解读女性之间的竞争这一现象?它的根源是什么?女性之间的竞争与男性之间的竞争又有什么不同?
>
> 最后,我们是否能找到应对这种竞争的方法?女性之间的有毒竞争能否真正结束?

EN FINIR AVEC
LA RIVALITÉ
FÉMININE

目　录

第 1 章
女性之间的竞争现状

- 嫉妒与羡慕：被压抑的欲望　4
- 与生俱来的本能　5
- 我们从未学会竞争　6
- 女性比男性更厌女？　8
- 结束自我怀疑和否认　10
- 厌女不仅仅是一种观点　11
  女性厌女症的类型
- 体育圈的女选手和"太太团"　17

斗艳的演员和攀比的母亲 　　　　　　18

外貌是竞争重灾区 　　　　　　　　21
为什么你从不觉得自己最美？｜我们有权变美吗？

服美役：男性凝视的内化 　　　　　　26
对女性权力的损害

女性主义者之间的隐秘战争 　　　　　29

当竞争转变为暴力和仇恨 　　　　　　31
网络暴力：谩骂女性的女性｜"我们的成功凸显了她们的失败"

一夫多妻制下的女性竞争 　　　　　　35

第 2 章
女性竞争从何而来？

历史学的解释 　　　　　　　　　　　40
公主、疯女人和女巫｜包办婚姻和割礼｜后宫禁地：内斗的温床｜宠妃之争｜代代相传的财务焦虑

生物学的解释 　　　　　　　　　　　51
性内竞争：造谣、嘲讽和孤立｜美丽、纤瘦、年轻：以生存为目的｜竞争是趋向，并非宿命

心理学的解释　　　　　　　　　59

厄勒克特拉情结：冲突回避｜普遍缺乏自信｜"女性就该温柔友善"的教条｜得不到的东西，就毁掉｜被动攻击

社会学的解释　　　　　　　　　65

内化的厌女症｜矛盾的指令｜害怕"放纵"｜无法逃离的选美比赛｜害怕不被喜欢

第 3 章 家庭内部竞争

姐妹之间　　　　　　　　　　　78

一个被男人偏爱，一个成为母亲｜争夺父母的爱｜光明与阴影的游戏｜不是朋友，却是最亲的人｜权力关系的传递｜三个女人一台戏？｜名人姐妹：情敌 or 盟友？

母女之间　　　　　　　　　　　98

从爱慕到反抗｜"要么是女人，要么是母亲"｜当女儿成了施虐者

继母女、婆媳之间　　　　　　　114

从恶人到"母亲"｜婆媳关系：被间接对立的女性｜"恶婆婆和坏媳妇"怪谈

第 4 章
竞争与友谊

女性友谊的发展 … 125
与真正的爱情并无太大区别 | 抵御竞争最强大的堡垒 | 友情中放大的情绪和冲突

友谊中的"母女"角色 … 133
弥补母女间的缺失

女性友谊与男性友谊 … 135
家庭对男性更重要,朋友对女性更重要?| 催产素:与女性交谈更能缓解压力

女性之间的沉默与攻击 … 140
难以敞开的心扉 | "好女孩"的内疚与憎恨 | 必须表达愤怒 | 收获爱情 = 失去朋友?

当友谊中出现"背叛" … 149
避免不必要竞争的 5 个技巧

第 5 章
职场中的竞争

"看不见"就不存在? … 159

像男人一样对待其他女性 … 161

上桌的女性只能有一位 … 162

蜂后综合征 … 165

被抑制的愤怒　　　　　　　　　　168

有毒的母性权威　　　　　　　　　175
　沉迷于竞争游戏

对颠覆传统的恐惧　　　　　　　　183

政治和商业领域的特例　　　　　　184

在男性为大多数的行业中　　　　　188

批评永远存在　　　　　　　　　　189

第 6 章
女性团结与姐妹情谊

承认自己的敌意　　　　　　　　　195

决定永远站在女性的一边　　　　　197
　妇女之岛：危机让我们携手共进

姐妹情谊（Sororité）：颠覆和创造的力量　201
　贝古因社团：曾经的自由飞地

#MeToo 运动远未结束　　　　　　205

拥抱她们的成功　　　　　　　　　207

拒绝参与男人的游戏　　　　　　　211

从匮乏心态转向富足心态	212
友好的竞争可以扩大"胜利"的总量	216
慷慨是姐妹情谊的载体	218
将姐妹情谊转化为具体行动	219

三个过滤器：真东西、好东西和有用的东西｜女性团结宣言

结　语　个人生活和工作中建立姐妹情谊的建议　　231

第 1 章
女性之间的竞争现状

> 我因为自己是女人而感到欣慰，因为这意味着，我永远都不会嫁给一个女人。
>
> 玛丽·蒙塔古夫人[①]，英国女作家

英国剑桥公爵夫人和苏塞克斯公爵夫人凯特和梅根之间的竞争在很长一段时间内一直占据着国际新闻的头条。身为王室妯娌，她们始终是记者关注的焦点：她们之间的每个眼神、每句话、每个细微的动作，无一不被媒体细致地剖析着。这些媒体报道的视角不同，导致了公众观点的分裂。这种分裂似乎暗示了她们之间的竞争不可避免，她们在王室的共存似乎总是伴随着挑战。而"梅根和哈里脱离王室"这一事件的发生也进一步证实了这种竞

[①] 1714年其丈夫出任驻奥斯曼帝国大使，蒙塔古夫人随夫同住伊斯坦布尔。在土耳其看见种痘预防天花效果显著，小时候被天花毁容的她将预防天花的接种方法带回英国，天花疫苗因此在后来的几十年传遍欧洲大陆，挽救了无数的生命。

争的存在。深入报道王室新闻的记者达妮埃拉·埃尔瑟（Daniela Elser）分析，这场竞争源于她们各自不同的人生经历。凯特可能感觉梅根过去令人瞩目的职业生涯和她所代表的自由女性形象对她构成了"威胁"。但这真的是对她们之间竞争的合理解释吗？客观地看，到底是什么让她们感到彼此的存在对她们构成了威胁？

在关于女性的报道中，情感常常会压倒理性与客观，引导我们不自觉地偏向某一方。这场竞争唤起了人们的好奇心，也引发了人们的反感。同时，它还触及了人们内心深处的本能，也就是对潜在威胁的敏锐感知。

几乎每个女性都有过这样的经历：面对一个比自己更年轻、更美丽、更富幽默感或才华横溢的女性时，我们或许会因她们的这些特质而感到不适甚至嫉妒。有时，这种情绪还可能转化为想要贬低对方的冲动。对方也许是你的朋友、母亲、婆婆、同事或亲姐妹，她的身份并不是最关键的。

重要的是，每个女性都可能在某个时刻，因为遇到这样一个颠覆性的竞争对手而感到剧烈的痛苦。凯特和梅根之间的这场"较量"，其实是夸张而讽刺地再现了那些我们通常隐藏在心底的情绪。我们往往因为害怕可能由此引来的批评和评判，而不愿意公开讨论这些情绪。

不论你是否曾嫉妒过他人，或被他人嫉妒；无论你是否曾沉浸于诋毁竞争对手的快感中，这场在全球范围内上演的英国"戏剧"，

第 1 章 女性之间的竞争现状

都让我们有机会照见自己的内心。然而,这场竞争中一方的耍大牌和另一方的冷漠完全是基于媒体对王室成员行为的主观解读虚构出来的。随着报道的不断深入,两位夫人之间的故事变得越来越复杂。她们的着装、身形、笑容和眼泪都被拿来进行比较和解读,王室女性的忠诚与背叛、复仇与嫉妒在这里交替上演。媒体纷纷打赌谁将成为最后的赢家。

一方面,我们沉浸在这紧张氛围中,好奇究竟谁会胜出;另一方面,我们又仿佛被困在了一个充满刻板印象的女性世界中,她们被限制在一个供人观看的游乐场里。凯特和梅根之间并未自然地建立起友谊,这是不争的事实。但同样不可否认的是,媒体正急切地想将她们对立起来。因为和谐的女性关系对媒体来说不具吸引力,也不能增大新闻的流量。但为什么我们作为观众和读者,还是会为这类新闻买单,甚至因此争吵?

"交战"中的公爵夫人们可能会让我们想起童话故事中善与恶的对抗。在这个现代版本中,是一位肤如凝脂、温婉如英国玫瑰的女性,与一位独立坚强、历经风雨的美国女性之间的竞争。**这种注定一方落败的竞争关系,重现了女性之间传统的相处模式:不断地相互比较,直到彼此产生厌恶。**似乎每个女人的对手总是另一个女人。如果女性间相互扶持,故事情节是否会显得太过平淡?人们总是既沉醉于童话般的美好结局,又对剧烈的冲突情有独钟。当我们面对这种内心的矛盾时,又该如何调和?

嫉妒与羡慕：被压抑的欲望

嫉妒和羡慕是每个人或多或少都曾有过的两种复杂的情绪，虽然它们经常被混淆。但在心理学领域里，羡慕和嫉妒却有着明显的区别。

◎ 当你渴望得到他人所拥有的东西时，就是羡慕（基督教传统将其列为七宗罪之一）；
◎ 当你害怕失去对你重要的东西或人（如玩具、职位、爱人）时，便产生了嫉妒。

有时候，嫉妒与羡慕两种情绪交织在一起，令人难以辨别：我们可能会嫉妒那些对我们的伴侣关系或职业地位构成威胁的人，同时又羡慕他们所具有的、我们所缺乏的品质。英国哲学家、数学家伯特兰·罗素曾指出，嫉妒是不幸的源头，因为他不是从自己所拥有的东西中获得快乐，而是从别人所拥有的东西中获得痛苦。

适度的羡慕可以转化为积极的动力：我们羡慕他人，是因为我们将自己与他们相比，发现他们在某些方面优于我们。通过模仿他们，我们希望自己也能变得一样优秀。在这个过程中，羡慕成了一种与欲望等效的驱动力。

嫉妒有时可以激发富有成效的竞争，但也可能带来负面影响。

无论是体育竞技还是职业竞争，如果将嫉妒视为动力来源，它都能促成个人进步和自我提升。然而，如果嫉妒伴随着恶意或长期对自我和对他人的不满，这一情感就变成不健康的情绪且充满破坏性。嫉妒中的过度比较，如果不加以控制，就会变成一剂毒药。

与生俱来的本能

在生物学领域，竞争是影响自然选择的一个重要因素。动物从出生开始就在为生存而竞争，最初是为了赢得母亲的关怀，之后则为了争夺领土、繁殖权和资源。这种竞争不仅促进了种群的繁衍，还对自然选择过程产生了深远影响。

作为社会性动物，人类也经历着类似的过程：我们从为了获得父母的关注，与其他事物竞争开始，逐步扩展到争夺水源、食物、住所等资源。因此，这种竞争的本能不仅塑造了我们，也在我们与他人的关系中继续发挥作用。

在经济学中，企业或个人争夺同一市场份额时，就会发生市场竞争。这种竞争关系推动创新的发展和效率的提升。在体育领域，竞争则转化为赛事，它因激励运动员挑战极限、追求卓越和释放潜能，从而被视为有益健康的活动。

那么，为什么女性之间的竞争会有所不同？它与男性之间的竞争又有何区别？

我们从未学会竞争

在男性之间，竞争不仅被广泛接受，甚至被视为一种美德。古希腊社会尚武，对英雄间的对决更是赞誉有加。《伊利亚特》中，阿喀琉斯和赫克托耳之间无情的交锋[1]，以及他们的卓越和勇气，都受到了人们的高度赞扬。事实上，引发特洛伊战争的根本原因是特洛伊王子帕里斯夺走了希腊国王墨涅劳斯的妻子海伦。

在希腊神话中，众神之间的争斗更是层出不穷，如泰坦神族、始祖神族、宙斯和独眼巨人之间的对抗。男性之间的斗争不仅被视为正常现象，更被视为荣耀。庞培和凯撒在第一次三头政治[2]中是盟友，但最终为了权力反目。古罗马竞技场上的角斗士，如斯巴达克斯，也是在搏斗中成就了自己的英雄地位。

西方文化中，从史诗到中世纪的歌词，都充斥着对男性在战斗中英勇表现的记载。骑士们在锦标赛中对战，甚至在决斗中刀剑相向。在这种文化中，男性通过战斗实现自我，他们的价值也取决于如何处理竞争，而竞争也成了男子汉气概和男性力量的象征。毫无疑问，在战争这种集体竞争形式中，男性的使命感和英勇精神得到了直接的体现。

---

[1]《伊利亚特》与《奥德赛》合称《荷马史诗》，叙述了特洛伊战争结束前50天的精彩故事。阿喀琉斯与赫克托耳是战争双方的两位将领，在战场上，阿喀琉斯杀死了赫克托耳，还拖着尸体示众一番。——编者注（若无特别提及，脚注均为编者注）

[2] 公元前60年，克拉苏、庞培与恺撒结成秘密的政治同盟，其目的是一起反对元老院，史称"第一次三头政治"。

第 1 章 女性之间的竞争现状

然而,在当今社会,男性之间的竞争常以间接的形式展现在职场上,如争夺职位和攀比头衔。在体育竞赛中,男性之间的竞争被看作是培养阳刚之气的必要途径,竞技场上的较量犹如斗鸡般激烈。

相较之下,社会并不鼓励女性在生活中参与竞争。这引发了一个问题:难道就不存在专属于女性的竞争文化吗?历史学家和女性主义者的相关研究表明,中世纪确有女战士、女骑士,甚至还有女角斗士,但她们在历史的长河中逐渐为人们所遗忘。

◎ 因为女性不是为战斗而生的。
◎ 因为社会往往不期望"弱者"展现力量。
◎ 因为女性的价值与竞争无关。
◎ 因为女性的成就感主要来源于成为一位好母亲,而不是在竞争中取胜。

女性不仅没有学会竞争,而且在一定程度上,父权制下的社会规训甚至禁止她们去竞争。人们对女性的期望是性格上温柔、平和,行动上能给人以支持和安抚。否则,她们就会被贴上"泼妇"(莎士比亚的说法)或"歇斯底里"(弗洛伊德的说法)的标签。

竞争是生活的一部分,这是自然而然的事情。那为何女性常常要抑制这种竞争本能呢?如果我们被迫保持沉默,又会引发什么后果？当女性面对取胜的冲动时，她们的行为可能变得强势且直接，甚至可能与对手发生强烈的冲突，并期望对方失败。

在男性中，这种直接的竞争方式通常被认为是正常的、值得鼓励的，但到了女性身上，这种竞争方式却往往被认为过于强势，不够妥帖。当女性之间的竞争成为一种禁忌时，我们会如何理解和应对这一现象？这正是"被动攻击"行为存在的原因，它成了一种应对机制。我们将在第 2 章详细探讨这一现象。

首先，让我们关注一下女性之间的隐性竞争。

女性比男性更厌女？

2009 年，盖洛普咨询公司对美国 2 059 名成年人进行的一项调查揭示了一个悖论：虽然许多人认为女性能成为出色的管理者，但职业女性并不真正愿意为自己的同性上司工作。调查显示，工龄越长的女性越不愿意拥有女性上司。35% 的受访者表示她们更喜欢男性领导，而只有 23% 的人更偏爱女性领导。

报告指出，男性和女性都对其上司的性别有所偏好，但女性在表达对异性老板的偏好方面，占据的比例更高。63% 的女性表示更喜欢男性老板，而男性中这一比例为 52%。换言之，根据这项调查，女性甚至比男性更厌女。

其他研究也发现，女性中存在厌女倾向。

第 1 章 女性之间的竞争现状

记者兼作家奥尔加·卡赞（Olga Khazan）在一篇关于职场竞争的文章中写道："2011年，加州大学洛杉矶分校的讲师金·埃尔塞瑟（Kim Elsesser）分析了6万多人的调查数据，结果发现即便女性自己是管理者，她们也更倾向于拥有男性上司，而非女性上司。参与者称女性上司'情绪化''刻薄'或'小气'。"在这项研究中，男性也更倾向于男性上司，但占比小于女性。

卡赞在文章中还引用了一项对142名律所秘书的调查，这些秘书几乎全是女性，"没有人表示更喜欢为女性律师工作，只有3%的人喜欢在女性手下工作（近一半的人没有偏好）。""在另一项研究中，为女上司工作的女性比为男上司工作的女性有更多的焦虑症状，如睡眠障碍和头痛。"卡赞指出，这种趋势在年轻一代中越来越明显。

美国作家兼制片人艾米莉·戈登（Emily Gordon）提出了这样的问题：为什么女性会彼此竞争、比较、削弱和破坏？她补充道：

> "知名女星如碧昂斯和泰勒·斯威夫特经常赞美其他女性的才华，并积极与她们合作，同时表现出亲和友善的态度，因此成了女性主义的典范。但其实许多女性在与其他女性相处时始终保持着警惕之心，这让她们感到疲惫不堪。那些曾经是我的挚友的女孩们，为何后来变成了我最可怕的敌人？我也时常因为这一变化而感到困惑和疲惫。

我曾为一个杂志撰写过咨询专栏，并收到了众多女性读者的来信。她们会问我如何解决与其他女性相处时的自卑感。因此，我深知自己并不孤单。"

结束自我怀疑和否认

"我因为自己是女人而感到安慰，因为这意味着，我永远都不会嫁给一个女人。"这句蒙塔古夫人在本章开头所说的话，既是一种立场的体现，也是她个人想法的真诚表达。这句话的历史根源可以追溯到数个世纪之前，但如果这种立场或想法并没有随着时间流逝而失去影响力呢？它就像果实里的蛀虫，尽管女性运动取得了显著进展，女性也在尝试着与自我和解，但前方的路依然漫长且曲折。女性对于自身性别的看法仍然充满扭曲和偏见。

数个世纪的男性主导文化仍然影响着女性如何看待彼此。为什么女性经常评判、比较和诋毁其他女性？为什么人们对另一位女性的欣赏会让她们感到威胁呢？

探讨女性之间的竞争似乎是一种禁忌，仿佛深入探究个人灵魂的过程中会揭露内心的黑暗面。往往只有亲身经历过这种竞争的人，才有资格对其他女性的行为发表评论。无论是与母亲、朋友、姐妹还是其他女性之间的竞争，都会让我们陷入自我怀疑。

我们生活在一种自我否认的状态中，深知羡慕或嫉妒并不是我们应该表现出来的情绪，更不用说公开讨论这些感受。我们假装同情或欣喜，微笑中却深藏着狰狞之态，隐藏着内心的怨恨和愤怒，因为我们习惯了扮演"好女孩"的角色，不想被看作是灰姑娘故事中的邪恶继妹。我们已经厌倦了斗争，因为我们已属于一个彼此关爱、相互支持的姐妹团体。然而，竞争仍然是我们必须面对的现实。

厌女不仅仅是一种观点

女性真的会厌女吗？历史学家埃利安·维恩诺（Éliane Viennot）在谈到这个问题时指出："自 2018 年 1 月 9 日起，我们真切地感受到了女性的厌女。那天，在《世界报》（Le Monde）上，我们惊讶地读到，100 名女性公开为在 #MeToo 运动中受到指控的性骚扰者辩护。"这一消息出自一篇关于"骚扰自由"的公开信。其中一位签名支持性骚扰者的女性表示："谁能想到，那些原本赞扬言论自由的人现在却要捂我们的嘴！"

这确实是一个复杂的议题。我们仍然难以接受女性厌恶着其他女性的事实，难以接受我们并不总是与自己的姐妹站在一起的事实。但是，关于女性间相互诋毁的故事又有多少呢？

"她们不可或缺"（Jamais sans elles）运动的主席塔蒂亚娜·萨洛蒙（Tatiana Salomon）曾大胆提出：

"实际上，厌恶女性的女性与厌恶男性的男性一样多。即使有人会不高兴，但我们不能再无视这个问题的存在了。社会中的人际关系本质上是权力关系，而任何权力关系都不可避免地带来冲突。但在那些充斥着极端言论的媒体平台上，没有人会真正倾听对方。每个人都认为自己在为这场辩论'作出贡献'，但'对话'并没有发生，我们只是将一些荒谬且无意义的独白拼凑在一起。倾听彼此的声音才是关键所在。"

这段话揭示出现代社会的一个突出特点：我们越来越难以与他人深入探讨某些话题，只能在冲突和喧闹中挣扎求存。在"被迫"**打破二元对立思维、接受事物之间微妙的差异的过程中，我们对事物的态度都被简化，陷入非黑即白、非好即坏、非支持即反对的极端状态。**

作为博客作者、时尚记者、网红和播客主的卡米耶·夏里耶尔（Camille Charrière）是一位紧跟时代潮流的年轻女性。2021年12月，相貌姣好、为人风趣且不拘小节的她在婚礼上身着透明蕾丝礼服，穿着丁字裤。然而，不少女性对她的婚纱照评头论足，充满了憎恨："你给你的家庭带来耻辱！""她看上去更像是妓女，而不是作家""色情已经渗透到主流文化，这只是一个例子""庸俗到令人难以置信……""我觉得她的婚姻最多撑两年"。

第 1 章　女性之间的竞争现状

卡米耶·夏里耶尔因此在其著作中写道：

"我的婚纱照遭到了不少批评，这反映出社会中普遍存在的内化的厌女症。而父权制社会的'规范'对女性着装和行为的影响根深蒂固。在这种情况下，无论女性做什么，似乎都难以摆脱被凝视的桎梏。如果她穿得太严实，会被指责为无趣；如果她穿得太暴露，则会被贴上放荡的标签。我担心的是，这种仇恨易于传播并且可能带来严重后果。参与其中的传播者通常会辩解道：'我只是在行使我的言论自由'或'是你把自己置于公众视野之下的'。无论是批评女性'太情绪化'或'太敏感'，贬低女性文学的价值，还是对女性为何不尽早提出性侵犯指控表示怀疑，都反映了同样的问题。当我们作为女性支持那些本不应被支持的父权行为时，就是内化厌女症在起作用。智慧的开端就是直呼其名：厌女不仅仅代表一种观点。"

我们该如何看待一个人既轻视自己的性别，同时又坚持该性别的刻板印象下传统、被动、顺从和自我牺牲的行为模式？这看似是对父权制的讽刺[①]。

---
① 以父权为中心的社会，表面上要求女性按照传统的既定模式行事，背后却要求女性违背传统。既要逼良为娼，又要劝妓从良，这一点不仅是对父权制的讽刺，也是对厌女症的讽刺。

然而，这种厌女症与我们的日常生活紧密相连，且迄今仍未减弱。这种现象是否源于女性对自主决策和独立性的恐惧？这可能是长期以来对女性的教育模式所造成的：倾向于将决策权交给男性。或者，这是否源于传统思想下的羞耻感所引发的自我厌恶？换言之，这是否是父权制长期统治下的直接后果？

美国作家兼性别问题专家苏珊·夏皮罗·巴拉什（Susan Shapiro Barash）对500名不同年龄、背景和社会阶层的女性进行了一项调查，结果显示超过90%的女性承认，羡慕和嫉妒其他女性是她们生活中的常态。

巴拉什在调查报告中对"比赛"（compétition）和"竞争"（rivalité）进行了区分：

> 在比赛中，我们会意识到自己的价值：我们通过对比他人的技能和实力来衡量自己。而无论是在爱情或是工作中，竞争的根源都不在于实力的差距，而在于害怕被他人取代。竞争是一种模糊的感觉，而且因为它是无意识的，所以会更加难以察觉。女性在成长过程中被教导要温柔体贴，注重情感关系，抑制对权力的追求。她们既难以表现出野心，也会因无法实现她们的愿望而感到挫败。

在美国的年轻人中，女孩之间出现了严重的厌恶女性和性别歧视的倾向。科罗拉多大学新闻系的学生贝拉·埃克伯格（Bella Eckburg）认为社交媒体的引流机制助长了性别歧视和内化的厌女症。她指出，越来越多的女孩开始与其他女孩划清界限。

你可能听说过"我和其他女孩不一样"这句话，这已经成为一种流行的表达方式，通常被年轻女性用来表明她们不与传统的女性为伍，从而打破对女性的刻板印象。但是，真的有必要强调自己"不像其他女孩"吗？这种说法实际上可能是一种内化的厌女症表现，它更加隐晦，却同样有害。人们往往会不自觉地参与其中。

女性厌女症的类型

迈阿密大学布罗加德多感官研究实验室主任、教授贝里特·布罗加德（Berit Brogaard）指出，女性往往没有真正意识到自己对其他女性的莫名仇恨。她总结出以下几种女性厌女症的表现类型：

清教徒型：这类女性理想中的女性形象是"顺从、养尊处优且和蔼可亲的家庭主妇，在婚前应保持温柔、善良、美貌、清新和纯洁"。布罗加德认为，这类女性接受了身边男性或其伴侣对女性的理想形象。"顺从的白鸽"是对她们最好的比喻。

自我批判型：这类女性强调保持女性特质的重要性，即不要模仿任何"男性化"的行为或着装。她们必须温柔、包容。布罗加德描述她们"蔑视所有不够女性化的女性。她们不喜欢占据过多话语权、太男性化、易怒、好胜的女性"。简言之，男性应是支配者，而每个人都应在"支配与被支配"的模式中找到自己的位置。

自我憎恨型：这类女性往往代表着一种自我憎恨。"对所有她们认为'下流'的人持蔑视态度。她们认为包括自己在内的女性都是放荡的，善于操纵、不诚实、不理智、无能和缺乏智慧的。这类女性往往没有意识到她们对自己的蔑视，却毫不犹豫地蔑视其他女性。"这种厌女症将女性妖魔化，时常将其与道德败坏联系在一起。

魔女型：这类女性十分强势，她们会毫不犹豫地击倒那些挡路人。她们很擅长扮演反派角色，"魔女型厌女者认为自己比其他女性优越，处于与她遇到的男性领导者相同甚至更高的水平。在她看来，其他女性善于操纵、不诚实、不理智、不称职并且缺乏智慧，而她则不具备这些'缺陷'。她可能具备一些女性'应有'的特质，如美丽和瘦弱，但在她看来，自己也能够运用智慧和人格魅力等被认为男性专有的特质。她不断与其他女性竞争，宁愿阻止她们晋升，也不愿意帮助她们进步。"

第 1 章　女性之间的竞争现状

体育圈的女选手和"太太团"

如果说女性在一个领域有望避免竞争和狭隘心态，那么这个领域应当是体育。体育本质上是一种竞技活动，它有着明确的规则，要求我们学会公平竞争、追求卓越、渴望成功和胜利，同时尊重对手。然而，就像我们经常看到男性足球运动员在场上可能会因为裁判的判罚而发生争执一样，女性运动员也面临同样的压力。

法国前职业网球运动员阿梅利·毛瑞斯莫（Amélie Mauresmo）表示：

> "女孩之间的竞争更加激烈。男人之间如果发生冲突，他们会在握手后或在更衣室里立即解决，并给出一个合理的解释，然后当什么事都没发生过。而对女孩来说，她们之间的误解可能会持续数年，以至于经常可以看到女孩们握手时几乎要捏断对方的手指。"

球场上的竞争有时甚至延伸到运动员的私人生活中，这使得女运动员的荣誉和比赛成绩成为她们个人形象的重要组成部分。在这样的背景下，大众对她们的品格进行评价似乎在所难免。更普遍的情况是，一些女性作为运动员的配偶也参与到这种竞争中。例如，运动员的妻子可能会与其他运动员的伴侣展开竞争。

在英国，运动员的妻子和女友，通常被称为"太太团"（WAG，妻子和女朋友 wives and girlfriends 的简称），经常成为八卦媒体的热门话题。这个圈子里的女性不仅对自己丈夫的运动生涯了如指掌，而且经常炫耀和展示，一些女性与其他运动员的配偶保持亲密友好的关系，而另一些则可能公开发生争执。

例如，韦恩·鲁尼（Wayne Rooney）的妻子科琳·鲁尼对杰米·瓦尔迪（Jamie Vardy）的妻子丽贝卡·瓦尔迪提起诉讼，原因是后者向《太阳报》(*The Sun*)泄露关于她私生活的不实报道。这两位足球运动员的妻子的冲突甚至影响到她们的丈夫，原本是队友的他们不得不在法庭上支持各自的妻子。瓦尔迪由于她对竞争对手生活的详细调查而被戏称为"瓦加莎·克里斯蒂"[1]。可以说，这起官司对女性事业的发展毫无裨益。

斗艳的演员和攀比的母亲

无论在电视剧中还是电影院的大银幕上，女性之间的竞争都无处不在。"琼和米高梅[2]的所有男人都睡过……除了拉西。"这句带有酸意的话出自美国女演员贝蒂·戴维斯（Bette Davis）之口，

---

[1] 谐音自英国女侦探小说家、剧作家，三大推理文学宗师之一阿加莎·克里斯蒂（Agatha Christie）的名字。
[2] 美国好莱坞八大影业公司之一米高梅电影公司（Metro-Goldwyn-Mayer，MGM），2022 年被亚马逊公司收购。

第 1 章　女性之间的竞争现状

她指的是另一位好莱坞明星琼·克劳馥（Joan Crawford）。

1933 年，随着电影《夜合花》（Ex-Lady）上映，贝蒂·戴维斯的知名度开始上升。就在那时，琼·克劳馥离婚的消息也轰动一时，而此举自然也夺走了贝蒂的风头。更糟糕的是，1945 年，克劳馥因出演《欲海情魔》（Mildred Pierce）获得奥斯卡奖，而贝蒂·戴维斯曾拒绝出演这一角色。

1962 年，两位女演员在电影《兰闺惊变》（What Happened to Baby Jane?）的拍摄过程中，一方不小心打到另一方的头部。两位女演员之间的竞争一度成为报纸的头条。但女性之间的竞争难道就止步于此吗？

尽管《欲望都市》（Sex and the City）中四位女主角在银幕上的友谊让人眼前一亮，但其中两位女演员还是因金钱和权力的争斗在剧集和电影的宣传中留下了污点。金·卡特拉尔（Kim Cattrall，饰演萨曼莎）对莎拉·杰西卡·帕克（Sarah Jessica Parker，饰演女主角凯莉·布莱德肖）的薪资和担任执行制片人的身份表示不满。但没有布莱德肖，就没有这部剧。因此，金被同事们排挤，在艾美奖等颁奖典礼上，甚至在电影拍摄期间，她都孤立无援，最后她甚至不得不从新剧中消失。

这种竞争关系也蔓延到了银幕上的母亲之间。在《大小谎言》（Big Little Lies）这部剧集中，劳拉·邓恩（Laura Dern）扮演的蕾娜塔·克莱恩是一位权势显赫、美丽、成功的女商人，同时也是一个小女孩的母亲。学校里的妈妈们对她的成功感到嫉妒，同时指责她不参与学校活动。因此，职场妈妈和全职妈妈之间形成了一种竞争，母爱成了这场竞争的核心。

当别人的孩子在学业上未能取得成功时，那些孩子表现出色的母亲会感到倍加自豪——这就是一种替代性的竞争。39岁的埃拉这样解释道：

"大约12年前，泰莎和我因为我们的孩子是同班同学而成为朋友。我们很快开始在校外见面，甚至两家人会一起共进晚餐。显而易见，我们之间的关系友好而愉快。直到我们的儿子开始上中学，泰莎的儿子在学校的表现总是不如我的儿子。到了高年级，两个孩子之间的差距愈发明显。我的和泰莎之间的友谊开始破裂。起初我的儿子提出这个看法时，我觉得有点牵强。"

"此时，泰莎开始回避我，拒绝和我一起喝咖啡。直到在一次家长会后，我终于找到她，询问到底发生了什么事。她的回答非常直接：'你无法理解我看着你那完美、可爱、成绩优异的儿子时的感受！我宁愿和你保持距离。'我告诉她这太荒谬，但她头也不回地离开了。我们的儿子依然是朋友，我们的友谊却已经结束。"

第 1 章　女性之间的竞争现状

电影里有时会充斥着女性之间为获得社会地位、工作机会或男性的青睐而产生的竞争。但最能体现女性间纠缠不清的竞争的，还是外貌。

外貌是竞争重灾区

> "我这仿佛从高傲的雕像里，
> 借来的身姿，诗人们将会
> 穷其一生，细加揣摩。"①

男性之间的竞争常围绕着占有展开，而女性之间的竞争，则常常源于：

◎ 自尊缺乏或自信缺乏

◎ 某种情结或心理障碍

◎ 自我厌恶，包括对身材的不满

◎ 弱者形象，无论是生活中的形象还是职场中的形象

这些因素共同构成了女性之间产生竞争的复杂心理背景。

---

① 来源：法国诗人夏尔·皮埃尔·波德莱尔（Charles Pierre Baudelaire）诗集《恶之花》（*Les Fleurs Du Mal*）中的《美》（*La Beauté*），译者文爱艺。

40岁的阿娜伊斯是一家女性杂志的主编。一天，她的助理提醒她，在一次拍摄过程中，她对模特的态度似乎并不友好。起初，阿娜伊斯不愿意承认这一点。但经过仔细思考，她意识到她在挑选模特时，总是努力掩饰自己对她们美貌的赞叹，尽量表现得和蔼可亲，但模特越迷人，她就越缺乏自信，嫉妒之心也愈发强烈。

这让她觉得荒谬，因为她有一个爱她的丈夫和一份令人满意的工作，却仍然抑制不住对她们的羡慕。模特们的美丽让她感觉自己像一只"丑小鸭"。从这次事件后，她一直努力保持着灿烂的笑容，但内心深处却是截然不同的景象。

我们不禁要问，导致阿娜伊斯产生这种心态的原因是什么？经过进一步访问，我们得知她非常崇拜她的姐姐——一位美丽优雅的女性，而阿娜伊斯的父母更偏爱姐姐。姐姐被冠以"美丽"的标签，而阿娜伊斯则被赋予了"知性"的标签。即使阿娜伊斯拥有一个充满爱的婚姻，也难以消除因外貌产生的自卑感。无论是在职场、家庭还是爱情方面，一旦涉及比较（竞争），特别是对于"外貌"的评价，她总是会变得格外敏感。

在荷马史诗《伊利亚特》的开篇中，美丽的忒提斯[①]因无法在

[①] 忒提斯（Thétis）是海洋女仙，海神涅柔斯（Nereus）和大洋神女多里斯（Doris）的女儿，是他们的女儿之中的最贤者，她也是英雄阿喀琉斯的母亲。

第 1 章 女性之间的竞争现状

众神中找到合适的丈夫,最终嫁给凡人珀琉斯。他们在奥林匹斯山举行盛大婚礼,邀请了所有神祇,唯独未邀请不和女神厄里斯①。作为报复,厄里斯在宴会上偷偷留下了一颗刻有"献给最美之人"字样的金苹果。赫拉、雅典娜和阿佛洛狄忒②为争夺这颗苹果和称号,立刻陷入争吵。

最终,宙斯将选择权交给特洛伊王子帕里斯。据说,赫拉为赢得这颗苹果,向帕里斯承诺财富和权力;雅典娜许诺智慧和战争的胜利;而爱与美的女神阿佛洛狄忒承诺给予他世上最美的女人。帕里斯最终将苹果赠给阿佛洛狄忒。随后,他绑架了美丽的海伦,由此引发特洛伊战争。

厄里斯是黑夜之女,是悲伤、饥饿、痛苦、谎言和遗忘之母。她喜欢散布谣言,挑起嫉妒和争端。宙斯因她挑起"金苹果之争"而将她驱逐出奥林匹斯山,让她在人间流浪。

女性是否总是成为男性选择的牺牲品?她们是否总是为美丽所左右?她们是否是赫拉、雅典娜和阿佛洛狄忒的继承者,渴望在美貌上胜过其他任何人?或者,她们是厄里斯的女儿,沉溺于谣言、流言和嫉妒,迷恋比较和竞争?从某种意义上说,赫拉、雅典娜和阿佛洛狄忒是最早陷入女性之间的竞争的女神。

美貌是女性之间产生竞争的首选领域。人类学家和社会学家

---

① 在希腊神话中,厄里斯(Éris)是纠纷与不和女神。
② 赫拉(Héra)、雅典娜(Athéna)和阿佛洛狄忒(Aphrodite)皆为希腊神话中的女神。

皮埃尔-约瑟夫·洛朗（Pierre-Joseph Laurent）在其著作《想象中的美：身体与亲缘人类学》（*Beautés imaginaires : Anthropologie du corps et de la parenté*）中谴责了"理想自我形象"的暴政。尤其是在当今自由选择伴侣的社会中，美貌造成人与人之间的差异，也带来竞争。

在过去，婚姻通常被视为两个家庭之间的一种协议，其主要目的是防止土地被分割、头衔被削弱，或是防止后代堕落。在这种情况下，美貌并不是婚姻选择的主要考量因素，更重要的是地位、财产或嫁妆。

从人类学的角度来看，婚姻实际上是一种"联盟"，它在两个家庭或亲属群体之间建立联系和契约。这些婚姻无论是从物质财富和人脉关系的功利性的角度出发，还是从名门望族为彼此"增值"的角度出发，目标都在于增强各个家族的权力。

为什么你从不觉得自己最美？

2019年12月，以普及科学和历史而闻名的法国年轻视频艺术家查理·丹吉尔（Charlie Danger）在TEDx上发表题为《为什么你从不觉得自己最美？》的演讲，观看次数超过一百万次。她分享自己在社交媒体上浏览一个美女照片三十分钟后的不适感。尽管她并不认识照片中的女人，她们职业和兴趣爱好也不同，但她仍然无法抑制这种自我怀疑。

查理·丹吉尔开始探究这种"自我怀疑"式的本能反应。她研究了法国最受关注的十多个女"模特"的账户,发现她们绝大多数的关注者都是女性。即便这会削弱女性关注者的自信和自尊,让她们感到沮丧,她们还是不断地关注对方并拿自己和对方比较。

我们有权变美吗?

2018年,英国发起了一场抵制"赛车女郎"(grid girls)的运动。这些赛车女郎通常在赛车活动中穿着赞助商的品牌服装,担任女性招待。其中一名被禁止参与赛车活动的赛车女郎丽贝卡·库珀(Rebecca Cooper)在社交媒体上表示:"F1赛车女郎还是被禁止了。那些自称在'为女性而战'的女性却在限制别人的自由,阻止我们从事我们热爱并引以为豪的工作,这是政治正确的极端滥用。"

从抵制赛车女郎的女性人群中可以看出,她们通常是年纪较大的妇女。而女性之间对身材和年龄的比较极易引发竞争。

这是否就是许多女性的现实生活?她们从小就自信满满,肯定自己的价值,主张性别平等,支持女性权益,却发现自己总是被拿来与其他女性进行比较,因为她们看起来比更年轻、更漂亮,从而陷入一场无形的竞争中?

值得注意的是,美貌本身就不公平,因为它本质上不可控。**美貌与个人的优点和努力无关,它是基因的偶然组合,是时代观念的反映。这是一种根本上的不公平,我们几乎无法控制。**如果这种现象不是发生在一个以男性为主导的性别化社会中,这种不公平根本不会引起嫉妒和比较。女性在选美比赛中毫无保留地展开竞争,并且通过男性视角展示自己的外貌,这一行为典型地体现了所谓的"男性凝视"(male gaze)。

服美役:男性凝视的内化

英国评论家、电影制作人及妇女解放运动的积极倡导者劳拉·马尔维(Laura Mulvey)在其论文《视觉快感与叙事电影》(*Visual Pleasure and Narrative Cinema*)中首次提出了"男性凝视"这一理论概念。马尔维指出,在流行文化中(如电影、电视剧等),普遍存在着异性恋男性的视角占据主导地位的现象。

这种凝视几乎总是伴随着对女性的物化,女性的身体曲线和特征被细化和放大。女性被性化,以迎合男性的幻想。马尔维提到,男性凝视将女性简化以身体为代表的存在,其主要表现为窥淫癖(或弗洛伊德的窥视癖概念)和自恋。

35岁的女运动员梅兰妮描述了自己在派对上几乎不由自主地观察其他女性的经历。

"虽然我不愿意承认,但当我出席朋友聚会或工作会议时,我总是不自觉地观察在场的女性。我会迅速评价她们——谁更漂亮、谁身材更好、谁更性感、谁长相普通、谁个子较矮、谁穿着不够好、谁更熟练地使用电子设备……我一边给自己倒酒，一边在短短几秒内就下了判断，同时对自己的外表做出评价，想象自己在别人眼中的样子。"

"我根据这个主观评分划分了阵营。一边是那些让我感到自卑的人，因为她们似乎比我'多'了些什么。我可能并不了解她们，但她们的美丽外表就足以引起我的关注，让我感到嫉妒。而另一边，这些人看起来很普通，我会向她们靠近，同时确保那些让我不舒服的人不会离开我的视线。在我内心深处，我不禁会想，她们更幸运，她们的生活更轻松，她们能得到更多我无法得到的东西，可能是一个男人、一种梦想般的生活，或是其他什么'更好的'东西。"

"美丽的女人"这一概念代表着一种理想形象，而且往往建立在男性视角之上。虽然我们稍后会探讨美貌带来的局限性和制约性，但不可否认的是，美貌确实具有一种特殊的力量，其中包括吸引和诱惑的力量。

化妆品、减肥和整形行业深谙此道，它们利用这种力量来维护数十亿美元的利润。**这种对美丽的追求产生的焦虑，像野火一样在女性心中蔓延，削弱她们的自信和自我认同。**这种现象不仅没有缩短女性之间的距离，反而加剧了她们之间的分裂。

对女性权力的损害

纳奥米·沃尔夫（Naomi Wolf）在其著作《美丽的神话》（*The Beauty Myth*）中，讲述了她 15 岁生日时的一段经历，在她的好朋友对她小腿上的细毛表示厌恶后，她突然意识到一个无情的现实：为了符合美的标准，她必须进行脱毛。脱毛所带来的痛苦则被伪装成了"照顾自己的身体"（body care，也称为"美体"）的一部分。

她的反思使女性意识到对美的崇拜实际上是一种幻觉，是压迫和束缚的工具。沃尔夫指出，社会中，女性的权力往往被化妆品和对外貌过度的关注所剥夺。她提到美国 20 世纪 50 年代的一个典型场景：脱下主妇围裙去上班的女性会因外貌而焦虑。家务对她们的束缚被对外表的追求所替代，那句"要美丽就得受苦"的咒语迷惑了她们。

这是一种意识形态的扭曲，对完美外表的执着追求对女性来说无疑是一种损害。

当女性的主要社会价值不再局限于成为传统意义上的"贤妻良母"时，美丽的神话便将其重新定义为"既美丽又贤惠"。**这种转变既满足了新兴的消费需求，又为工作场所的经济不平等找到新的借口。**因为在职场中，传统的价值观已不足以约束在新时代获得解放的女性了。

第 1 章 女性之间的竞争现状

女性主义者之间的隐秘战争

有些人把他对女性主义的定义或标准施加于他人，认为他的定义或标准不可违背，违背的人就要被逐出女性主义阵营。对某些人来说，女性主义运动容纳了交叉性①、警醒文化②、生态、政治所有这些争议与斗争。在一场运动中出现分歧是很自然的事，但这是否会对女性主义事业造成损害？记者兼作家朱利亚·福伊斯（Giulia Foïs）在谈及 2021 年底在巴黎举行的"女性文学沙龙"上女作家的活动被取消时表示："我们互相攻击，就是在自掘坟墓。"

---

① 交叉性（intersectionality）指社会身份的相互关联性和重叠性。个人身份不可能是孤立的，而各种身份的组合，尤其是边缘化的身份，导致了一个人对世界的体验不同。在社会公正的背景下，"交叉性是承认每个人都有自己独特的被歧视和被压迫的经历"。因此，在讨论边缘化问题时，不仅要考虑个人的身份，还要考虑这些身份之间的相互作用。

② 警醒（woke）作为形容词流行起来始于 20 世纪 30 年代，表示"对与种族相关的歧视和偏见保持警觉"的意思，但并未进入主流英语语境，仅限于在黑人群体中小范围使用。2014 年，美国黑人迈克尔·布朗被警察射杀事件掀起抗议浪潮，stay woke（保持警醒）这个标签一时红遍社交媒体，意在呼吁人们关注警察枪杀黑人现象。随后，woke 的含义进一步扩大，并于 2017 年作为形容词被录入牛津英语词典。然而，就在 woke 这个词进入主流英语之后不久，它的感情色彩却发生了微妙的变化。首先是 woke 的内涵迅速泛化，人们对自己所认为的各种歧视和不公现象都可以高举"警醒"大旗，并面对"不够警醒的人"占据道德高地。概念的泛化和信仰者的自以为是（self-righteous）反而令 woke 引发大量反感，因为普通民众怕被"警醒者"批评，一言一行不得不如履薄冰。特别是在美国，这个词还被用作党争的工具：共和党越来越多地用它来批评民主党人，而民主党的中间派也用它来抨击党内的左翼群体。短短几年内，曾经被众多美国年轻人用作觉醒号角、在社交媒体上充当进步徽章的 woke，如今几乎只在贬损的语境中（in a disparaging context）才会被使用。（来源：《参考消息》）

女性主义运动内部存在诸多分歧，对如卖淫、变性手术、宗教信仰、包容性语言①等议题的看法不一。一些女性主义者因为敢于发声或倾向某一观点而在网络上遭受骚扰。另一些女性主义者倾向于将所有问题归咎于白人男性，这同样加剧了女性主义内部的分裂。

专栏作家特里斯坦·巴农（Tristane Banon）在其著作《两性和平》(*La Paix des sexes*)中探讨了这一现象。巴农批评某些激进女性主义所推崇的"受害者"思维，拒绝把女性角色仅仅局限于受害者的位置上。巴农早在"#MeToo"运动之前就曾指控多米尼克·斯特劳斯-卡恩②（Dominique Strauss-Kahn）犯下性侵犯的罪行，她对"多数人的暴政"表示担忧："我被告知保持沉默，被指控背叛，被告知我的身份决定我不能支持'错误'的一方。我被迫选择所谓正确的一方，但对我来说，唯一可取的选择似乎只有理智的一方。"

此外，某些行为也引发了社会对女性主义者的质疑：作为女性

---

① 避免使用某些可能被认为排斥特定人群的表达方式或词语，特别是有性别区分的词语，如"男人"、"人类"和阳性代词，使用这些词语可能被认为排斥妇女。
② 法国经济学家、律师、政治家，法国社会民主主义政党社会党党员，曾任法国财政部长。2007年9月28日，多米尼克·斯特劳斯-卡恩获选为国际货币基金组织总裁。2011年5月14日，美国纽约市警察局证实，多米尼克·斯特劳斯-卡恩涉嫌性侵一名酒店服务员，被羁押在纽约市警局并接受警方质询。2012年5月19日，多米尼克·斯特劳斯-卡恩辞任国际货币基金组织总裁职务。2012年12月11日，纽约州最高法院法官宣布，多米尼克·斯特劳斯-卡恩与指控他性侵的纽约酒店女服务员达成和解。2015年6月12日，多米尼克·斯特劳斯-卡恩涉嫌"淫媒案"，后被判无罪。

主义活动家，她们是否应该为其他女性树立榜样？2021年底，一些自称女性主义者的企业家通过通信和播客传播女性主义理念和价值观，随后被指控对其他女性进行道德骚扰、给予女性不公平的报酬、管理方式存疑，甚至被指控利用女性谋利。这些行为无疑伤害了女性之间的信任关系。

当竞争转变为暴力和仇恨

如果你从未关注过八卦消息，请举手示意！其实，我们在关注这些消息时，我们对明星私生活的好奇心也得以满足。我们发现明星们实际上并不像他们的官方照片展示的那样迷人，我们会为某位女演员增加的体重、某位女歌手长出的橘皮纹而感到惊讶，直到把她们当作和我们一样的普通人，这是我们大多数人的共同经历。

我们时常会看到有损女明星们"完美形象"的照片，还总是很快就注意到她们的"缺陷"——那些多余的赘肉，或者是她们在情人陪伴下的醉态。这些照片可能会令我们感到安慰，但我们可能在无意间为诽谤敞开了大门，进而加深了女性之间的隔阂。

网络暴力：谩骂女性的女性

在网络世界中，普遍的文字暴力所带来的风险令人担忧。但更令人侧目的是，其中女性对女性的攻击尤为可怕，从而反映出了网络暴力的一个特殊侧面。

2016年，一家英国公司在以"反对网络厌女症"为主题的背景下进行了一项研究。他们发现，在推特（原社交媒体平台Twitter，现更名为X）上，"婊子"和"妓女"等侮辱性字眼在英语圈每天会被提及3 000次左右：其中38.7%由男性发出，而剩下的61.3%由女性发出。

女性更容易对其他女性使用性别歧视类词汇。这种现象在政治领域尤为突出，在2016年和2020年唐纳德·特朗普的两次美国总统竞选中，尽管他发表了一些性别歧视的言论，强化了性别刻板印象，但他依然赢得了众多女性选民的支持。跟特朗普同时竞选的希拉里·克林顿也在寻求白宫所象征的最高权力。然而，她并没有被视为姐妹力量的源泉，而是被一些持守传统女性角色观念的美国选民视为威胁。

这种女性间的对立，似乎是对女性主义艰难获得的成就的一种亵渎，不禁让人想起20世纪70年代美国历史上最著名的"保守党第一夫人"菲利斯·施拉弗莱（Phyllis Schlafly）与女性主义者的斗争。她成功地动员一大批家庭主妇去阻止《平等权利法案》（*Equal Rights Amendment*，ERA）这一法律被写入美国宪法。

英国国际计划组织（Plan International）对美国、肯尼亚、印度和日本等22个国家的14 000名年轻女性进行了调查。调查发现，

58%的受访女孩曾经是网络骚扰的受害者,她们都在网络上遭受过侮辱、暴力威胁和性骚扰。这种网络骚扰对14~16岁少女的负面影响尤为严重。如果这个年龄段的女孩长期活跃在社交网络上,患抑郁症的可能性是男孩的两倍。此外,39%的Z世代[①]女性都曾在网络上遭受过身体羞辱,即对她们的身体进行贬低。虽然网络上对于身体形象多元化的接受度正在提高,但这种骚扰仍会造成极大的危害。值得注意的是,这种骚扰并不都来自男性。

社交媒体以其复杂且难以控制的表达方式,揭示了女性之间惊人的嫉妒心理。散布流言蜚语通常被视为女性特有的行为,恶意的、无根据的流言蜚语正在像病毒一样在社交媒体上传播着,令我们感到不安。

"我们的成功凸显了她们的失败"

媒体上看似戏谑的头条新闻,实则反映出对我们智慧、道德观和人性的深刻质疑。例如,比利时日报《最后一点钟》(*Dernière Heure*)刊登了一则报道:"检察官要求法院审判6名骚扰者对一名女商人实施难以置信的暴力行为。"这6名年轻女性被指控在社交网络上联手侮辱、骚扰并威胁另一名女性,导致受害者遭受了长达8个月的地狱般的生活。理由呢?仅仅是因为受害者在社交平台上拥有5 000名粉丝!

[①] 通常指的是1995年至2009年出生的一代人。

Tattle Life 是一个 2018 年创建的英语评论网站，以散布"八卦、流言、仇恨言论"而臭名昭著。该网站因为提供一个"允许用户（主要是女性）匿名恐吓受害者"的服务而备受争议。其中三名三十多岁的女性，包括两名企业家和母亲，在成为 Tattle Life 网站的攻击目标后，她们的生活就变得十分悲惨，不得不通过整容手术改变其外貌以继续生活。该网站最初专注于对真人秀节目或体育界名人的负面评论，但当它开始针对普通公民时，事态就变得愈发严重。要知道，这三位女性只不过是社交媒体上的普通网红。

正如我们在引言中所说，在互联网上，针对女性的仇恨和骚扰活动正在成倍增加，而其中大多数负面言论都来自其他女性。她们躲在虚拟账户后面发泄愤怒，批评和指责的内容五花八门，其中涵盖了母职（"她不配做母亲"）、智力和外貌（"她看起来像个恶魔"）等多个方面。我们看到的是一连串毫无底线的恶言恶语。

一位受害者总结说："我在 Tattle Life 上看到的所有遭到侮辱的人都是通过自己的努力取得成功的女性。唯一可以解释我们遭受这些攻击的原因就是我们的成功凸显了她们的失败。"另一位网友补充道："这件事真让人难过。我们难过不仅是因为大多数内容都既刻薄又不真实，更重要的是，这些都是女性对女性说的话。她们自己也是母亲，竟然用这样的方式评价我们。"

综艺节目同样"不甘落后"。法国平等高级理事会（Haut

Conseil à l'égalité）在其最新报告中指出，一些真人秀节目助长了一种"男凝文化"，节目中肌肉发达的男性和性吸引力超强的女性被认为"可能获得对手的青睐，从而制造竞争"。

竞争和嫉妒有时甚至可能导致悲剧性的后果。2021年3月，法国一位14岁少女阿丽莎遭到跟踪，她的内衣照片被泄露，后来她遭到前男友杀害，被抛尸塞纳河。这一悲剧与阿丽莎前男友的新女友，也是阿丽莎的朋友有关。"她们之间发生了竞争和争吵，而杀人凶手还从道德制高点指责这个女孩（阿丽莎）总是说她已故父亲的坏话。"负责此案的检察官叹息道。

其他类似的青少年之间的过激行为、欺辱和霸凌，也时常登上新闻头条，这使得人们对社交媒体带来的影响产生质疑。

然而，也正是在这些社交媒体平台上，妇女们可以发出自己的声音，得到关注，并在司法系统反应不足的情况下，谴责她们所遭受的暴力。"她们在社交媒体平台上找到了在警察局或法院找不到的倾听者"，"反对网络暴力女性主义者"组织的创始人之一劳拉·萨尔莫纳（Laure Salmona）解释说。

一夫多妻制下的女性竞争

当你不得不与另一名女性共享你的丈夫时，你该怎么办？玛丽亚玛·芭（Mariama Bâ）的《一封如此长的信》（*Une si longue* lettre）和德贾伊利·阿马杜·阿迈勒（Djaïli Amadou Amal）的《焦急的人》（Les Impatientes）这两部小说都探讨一夫多妻制和妻子之间的争斗。在《一封如此长的信》中，女主角拉玛图拉耶在丈夫去世后给她的朋友艾莎图写信，艾莎图和她一样是塞内加尔[①]人，同样因丈夫娶了第二任妻子而备受打击。

但艾莎图选择离开并定居美国，而拉玛图拉耶则留在塞内加尔，讲述自己作为女性的生活和回忆。

> 拉玛图拉耶说："我曾热烈地爱过这个男人，为他奉献了三十年的青春，为他生了十二个孩子。但对他来说，我的存在似乎不足以阻止他爱上另一个女人，他在道德和物质上烧毁了自己的过去。"

在《焦急的人》中，我们看到第一任妻子必须欢迎新妻子的到来。妻子们轮流与丈夫共度夜晚，每周一次。忍耐被视为妻子的首要美德。因为新妻子，即便再善良、再恭顺，也终究不是朋友，更不是姐妹。她的微笑纯属虚伪。她的友谊只为了让你入睡，好让她能更好地对付你。这场竞争游戏显然是精心策划的。

---

① 塞内加尔位于非洲大陆的最西端，与毛里塔尼亚、马里、几内亚和几内亚比绍接壤。

第 1 章 女性之间的竞争现状

所有这些女人都会盯着你看,她们等你表现出绝望,或者等你对她们表现出敌意。她们无一例外都在等你屈服的那一刻。只要你流露出痛苦,她们就会嘲笑你。如果你稍有动摇,新妻子就会永远占据上风。正如老话所说,女人最大的敌人往往是另一个女人!

德贾伊利在小说开头明确指出,"这不是一部自传,但我从我的生活、我的姐妹、我的表亲妹妹以及整个社会中汲取了灵感。"在波动不定的印度,有些极其传统的家庭仍然存在,女儿们就像易卜生的《玩偶之家》中的诺拉,从父亲家搬到丈夫家。这往往成为她们与婆婆发生激烈争吵的起点,因为她们丈夫的母亲不得不忍受与她们相同的命运。我们会在第 3 章详细探讨家庭内的竞争。

对女性厌女的叙述可能会让人感到无力,因为所述之事是如此暴力。但是,要知道这种暴力与社会的轮廓相一致,因此理解其起源至关重要。

女性之间的
隐秘战争

EN FINIR AVEC
LA RIVALITÉ
FÉMININE

第 2 章
女性竞争从何而来？

> 在大多数情况下，女人们被误认为是因为嫉妒才成为情敌。
>
> 阿纳托尔·法朗士[1]

当我和我的侄女阿曼达以及她的好朋友在一家餐厅用餐时，我听到了她们关于校园生活的谈话。她们都是 10 岁的小女孩。阿曼达谈到她班上的一个女孩："她是个恶霸，我讨厌她。"我提醒她这个词用得有些过分，她便向我解释说，小学里这种小团体争斗非常激烈。一方被称为"受欢迎"的女孩，每个人都想成为她们的朋友，她们受欢迎是因为她们"漂亮、苗条、穿着得体"。而另一方则被称为"丑女"，这并不是说她们真的丑陋或长相不佳，而是因为"她们品行不端，对谁都说坏话"。我问她们从什么时候开

---

[1] 法国著名作家、文学评论家、社会活动家，1896 年被选入法兰西学士院，1921 年获得诺贝尔文学奖。

始意识到这种竞争关系的,"哦,大概是从我们8岁开始。从那时起,我们就开始在意别人怎么看我们!我们也会因为男孩而争吵"。

10岁的小女孩会因为一个男孩就讨厌其他女孩吗?在幼年时期,女孩们的关系通常非常亲密,还可能发展出终生的友谊,那时她们并不会以身材、衣着、人气来评判对方。那么,为什么女孩们会变成竞争对手呢?这种情况又是从何时开始的?

历史学的解释

我们需要消灭潜在竞争对手的想法在我们的心灵深处以及在我们的社会和文化所传达的信息中根深蒂固,我们甚至不再意识到它的暴力和极度的不道德。

公主、疯女人和女巫

有毒竞争文化的渗透可以说从我们阅读童话的时候就开始了。"镜子,镜子,告诉我谁是世界上最美的女人?"白雪公主的故事陪伴着我们长大,故事中的继母,因为担心失去"世界上最美的女人"的称号,因为嫉妒白雪公主的美貌,就想要毒害她。那么我们如何让自己的思维方式不再受到这种文化的影响呢?在思考的过程中,我们继续说回灰姑娘的故事。灰姑娘的继姐妹们也同样嫉妒着她的美貌,避免让王子遇见她。但是,在神仙教母的帮助下，灰姑娘破茧成蝶，穿上礼服和水晶鞋，坐上马车，变成舞会上的美丽"公主"。这些故事塑造了我们认知和想象世界的方式，甚至影响了我们的语言。

幸运的是，今天的女孩们可以接触到更多样化的文学作品，其中的女主角可以是反叛的女孩和各种女性英雄。她们知道自己的命运掌握在自己手中，不需要依赖于任何白马王子。

但还有许多其他的性别歧视观念在无形中已经被我们内化，并成了约定俗成的用语。"癔症"（hystériques，也可译作歇斯底里）一词，最初是指女性的"精神失常"，与"异常的性欲"有关。到了19世纪末，这个概念扩展到男性身上，并成为精神病学和精神分析学的基础概念。从女巫审判[①]到不让妇女参与政治，这种"癔症"为所有施加在妇女身上的强制措施提供了理由。长期以来，女性因被称为"歇斯底里"而名誉扫地。男人就有权表达愤怒，而愤怒的女人则被视为歇斯底里。这是对女性的一种长期污名化。

包办婚姻和割礼

在某些文化中，女性有时是最残忍的习俗传承者。中国古代女性缠足的习俗——通过折断脚趾和紧缠双脚，使女孩的脚显得更小，以此增加她们在婚姻中的吸引力——直到20世纪初才被法律

[①] 又称魔女狩猎，是中世纪末到近代欧洲基督教对其所谓的异端进行迫害的方式之一，受害者多是女性。主要目的是维护教皇权力与社会安定，铲除异端。

禁止。在非洲和亚洲的一些国家，割礼①的管理和执行也主要由女性负责。这种成年礼影响着全球超过 2 亿的妇女②。

这些习俗往往有着强烈的压迫感，妇女和女童都难以摆脱。即使意识到这些做法的危害，许多家庭仍选择遵守这些习俗，以避免受到道德谴责和社会制裁。未经割礼的女孩可能会遭到社会排斥，而拒绝这种习俗的家庭可能会失去其社会地位。相反地，遵循这些习俗往往会获得社会的认可和尊重，从而维持着一定的家族荣光。

同样，对于这些妇女来说，反抗传统秩序极其困难。她们会因此而遭到社会的排斥，而且在更严重的情况下，还可能会付出生命的代价。因此，保护那些遭受身心伤害的女性、帮助那些被迫与侵犯者结婚的女孩，以及协助那些在包办婚姻中感到无力的女性，就成为我们最为紧迫的任务。

澳大利亚社会学家、性别气质类型学分析的集大成者 R.W. 康奈尔（R.W.Connell）的研究指出，女性主义分析者认为女性割礼

---

① 割礼分为男性割礼与女性割礼，女性割礼也称为女性生殖器残割术（Female Genital Mutilation），在有些人中部分或全部切除阴蒂是一种习俗，还有些人甚至连小阴唇也切除掉。
② 根据 2016 年联合国儿童基金会的数据。

第 2 章 女性竞争从何而来？

是男性控制女性性欲的一种方式[1]。这样做的目的是为了确保妻子的"贞洁"，同时将其他女性当作服务于男性利益的工具[2]。这一由女性执行的割礼实践，展示了女性受压迫的另一面。

但我们真的可以简单地从现存的权力结构中推断出这是为了男性的利益吗？我们现在听到的更多的是，丈夫抱怨自己受过割礼的妻子对性缺乏热情和兴趣，同时，我们也常看到，反对割礼的群体不仅有女性，也有很多男性。

然而，女性也有维护自己利益的动机，那就是维持她们熟悉且公认的秩序，因为在这种秩序中，至少她们的某些需求得到了满足，并且她们能在这种环境中构建自己的身份。的确，这些女性要摒弃那些她们赖以生存的一切，去抵抗那些通常由男性制定、把她们排除在外的法律和集体决策，无疑是极其艰难的。

在育龄妇女中，减少性行为的"供给"实际上增强了她们在人际关系经济中的议价能力。因此，即使这意味着要排斥和操纵那些"被认为"行为放纵的女性，一些妇女也倾向于坚持保守主义的观念。出于同样的逻辑，母亲和祖母们也有强烈的动机来确保携带着她们的基因的女儿们对男性极具吸引力，即使这意味着给女儿们带来痛苦和伤害。

---

[1] 戴莉·M.,《女性生态学：激进女性主义的元伦理学》，1978 年（Daly M., Gyn/Ecology: The Metaethics of Radical Feminism, 1978）。
[2] 艾尔·萨达维,《伊娃的隐藏面：阿拉伯世界的女性》，1980 年（El Saadawi N., The Hidden Face of Eve: Women in the Arab World, 1980）。

后宫禁地：内斗的温床

妇女对其他妇女施暴，有时甚至对自己的女儿施暴，这种行为是父权制和性别歧视逻辑的综合体现。这一习惯通常深植于女性的生存本能中，是对"当我不是群体中唯一的女性时，我该如何生存"这一问题的自然回应。

后宫是历史上将女性聚集起来的经典场所之一，而西方世界对其也充满幻想。在阿拉伯语中，"后宫"意指"禁地"，象征着男性的禁区。在这神秘的闺房中，妻妾们懒散地躺卧，贵妇们一边品茗，一边抽烟，弹奏音乐，等待着被国王宠幸，成为后宫中的宠妃。这些场景也是众多19世纪画家的创作灵感。后宫不仅是充满秘密和阴谋的地方，还是权力斗争的温床，这也使后宫成为女性竞争的发源地。

出版于1866年，奥利姆佩·奥杜瓦[①]（Olympe Audouard）就在她的书中描绘后宫中女性间的激烈斗争：

"今晚，我的爱人将来访！我要与他欢笑共饮，直至黎明。哦，我要装扮得美艳动人；我要让他为我痴狂；我要让我的情敌泪流满面。她经常令我落泪！现在，轮到她尝尝苦头……她的内心将被嫉妒之火焚烧，而我将笑逐颜开，沉醉于生活的喜悦中。他将被我的魅力迷惑，将她遗忘。"

[①] 奥杜瓦是19世纪较为保守的女权主义者之一，一位怀有共和理想的保皇党人。

第 2 章 女性竞争从何而来？

为了更好地理解这种制度，我们要知道，在伊斯坦布尔的托普卡帕宫中，君主苏丹①除了正式妻子之外，还有400名婢女，她们的子嗣无权继承财产。但是也有例外，有的婢女最终成为宠妃，从而使其后代拥有继承权。

比如，许蕾姆②（Hürrem）就是这样的女性。作为16世纪最有权势的苏莱曼大帝③的婢女，她对这一君主的影响巨大。在1534年，许蕾姆摆脱奴隶身份，成为苏莱曼大帝的正式妻子，而这一变化也引发后宫中激烈的权力争斗。这一争斗不仅涉及对肉体的禁锢，还牵扯到继承权的争夺，而这之间也势必也产生了许多阴谋和算计。

后宫中的女性，即便受过教育——包括刺绣、舞蹈、音乐和修辞——这个具有象征意义的封闭空间也同样是她们的监狱。在这里，她们困于一位男性的欲望和主宰之下，体现了一种无形的束缚与奴役。这个群体在表面上似乎象征着女性共同体，但女性在其中不是受到男性压迫，就是女性之间彼此压迫。

纵观历史，奴隶制一直是人类社会的一个显著标志。很多时候，被奴役的人们在求生的压力下，并不会选择团结，他们反而

---

① 特殊统治者的称号，被这种苏丹统治的地方，一般都对外号称拥有独立主权或完全主权，无论是王朝还是国家都可以被指为"苏丹国"。
② 奥斯曼帝国苏丹苏莱曼一世皇后。因为在政治上权势很大，所以在奥斯曼帝国的历史上被称为许蕾姆苏丹。
③ 苏莱曼一世亲自开创了社会、教育、税收和刑律等方面的立法改革。他主持编撰的权威法典奠定了在他逝世后帝国数个世纪的法律制度基础。由于苏莱曼一世的文治武功，他在西方被普遍誉为"大帝"。

会无意识地选择以类似于支配者的方式对待自己的同伴,而这一关系也反映了寄居于这一制度中的内在冲突。因此,我们可以设想,一旦统治结构消失,这种对抗性的关系也会随之消散。正如让内特·埃尔曼[1](Jeanette Ehrmann)和费利克斯·特劳特曼[2](Félix Trautmann)所论述的那样:

> 被压迫者所施展的暴力,是对试图抹杀其存在的暴力的回应,它本质上是一种解放行动的表现形式……自由与暴力之间的联系实际上在三个层面上显现:一是作为对结构性暴力统治的解放;二是这种解放过程本身所具有的暴力性质;三是被压迫者"自我"的解放,以及在摆脱这种暴力后,个体之间新的社会关系的重建。

宠妃之争

历史上,如同苏丹一样的帝王们常常会在众多女性中挑选一位最受青睐的"宠妃"。而为了赢得这一尊荣,女性们常常不惜采取诸如背叛、操纵和欺瞒等各种手段,压制竞争对手。法国国王查理七世的首位宠妃阿涅斯·索蕾尔(Agnès Sorel)就是个典型

---

[1] 柏林洪堡大学社会科学系政治理论客座教授,她的学术研究侧重于后殖民和交叉女权主义视角,探索移民和边界的政治理论等。
[2] 法兰克福社会研究所的博士后研究员。他的研究领域是民主斗争,尤其是通过文化政治实现社会转型的过程。

的例子。为了争宠,她敢于穿着低胸礼服,露出香肩,暴露自己的身体,这一大胆的举动也使她成为宫中的时尚标杆。然而,她最终却因汞中毒而不幸丧生,传说是由查理七世的财政大臣雅克·科尔(Jacques Cœur)、皇子路易十一和她的表妹密谋所致。这位表妹在她死后不久便取代了她的位置。我们可以看出,美丽的宠妃通常是理想的竞争对手。

在舍农索宫,法国国王亨利二世的宠妃黛安娜·德·普瓦捷(Diane de Poitiers)与王后凯瑟琳·德·梅迪西(Catherine de Médicis)之间的竞争尤为激烈。黛安娜年长国王十九岁,凯瑟琳与这位年长的妃子有着满是仇恨的竞争关系,凯瑟琳甚至愤怒地称道:"从来没有一个爱丈夫的女人能够容忍她丈夫的情妇。"

法国国王路易十四的宫廷中也不乏女性竞争。他的情妇之一孟德斯潘侯爵夫人(Madame de Montespan)曾将斯卡隆的遗孀(Madame de Maintenon)作为国王私生子的家庭女教师介绍给路易十四,却万万没想到她和这位年长的家庭教师之间会有争宠关系;毕竟斯卡隆夫人比她年长六岁,在那个年龄段,女性的容貌和魅力通常因时间的流逝而开始逐渐衰减。

在当时的宫廷文化中,年龄是影响宠爱的一个关键因素,也决定着女性的地位和影响力。可是,孟德斯潘夫人未曾预料到,一个看似干瘪、乏味的四十五岁妇人,竟能成为对她产生真正威胁的竞争对手,取代了她的地位,还成了法国女王。

路易十五时期，路易丝－朱莉·德·梅利（Louise-Julie de Mailly）成了国王的宠妃，但后来她被自己善用伎俩争宠的妹妹宝琳-费里泰（Pauline-Félicité）所取代。国王曾一度在两姐妹之间徘徊，最终还是选择了宝琳作为他正式的宠妃。

宝琳凭借其计谋成了国王的宠妃，却在为国王生下儿子后不幸去世，结果国王再次回到了她姐姐的身边。这一过程中，其他妃子也不断涌现，直到路易十五的妻子玛丽·莱辛斯卡（Marie Leszczynska）的主要竞争者之一蓬巴杜夫人（Madame de Pompadour）出现，才结束了妃子们的群体争斗。对自己的魅力有着自知之明的蓬巴杜夫人十分擅长运用智谋争宠。

电影《杜巴利伯爵夫人》（La Favorite）生动描绘了两位妃子为了赢得国王的宠爱而设计的复杂阴谋。这些阴谋不仅是为了生存，更是为了实现她们的野心。在其他地方，宠妃们的生活也充满了嫉妒和争斗，她们既是国王的附属品，也是他的红颜知己，国王在享受她们之间的争斗的同时，也会通过授予头衔、财产和金钱来确保她们深受庇护。

在《危险的关系》（Les Liaisons dangereuses）这部书信体小说中，两位放荡不羁的主角展开了一场极致的心理游戏。瓦尔蒙子爵接受挑战去引诱端庄的图尔维尔夫人，而在这个过程中，他竟真的爱上了她。这让梅尔托伊侯爵夫人嫉妒不已，她无法忍受自己被降至次要地位的感觉：她决心不惜一切代价击倒对手，展现出她残酷的一面。侯爵夫人怂恿瓦尔蒙与图尔维尔夫人断绝关系，并下了最后通牒。她这样做并非为了赢得瓦尔蒙的心，而是为了让他和图尔维尔夫人共同承受痛苦。在侯爵夫人的信中，我们能看到，她的嫉妒之情溢于言表：

"但我所说的、我所想的、我现在仍然认为的是，你对这位夫人的爱丝毫没有减少；不过，说实话，这并非一种纯洁或温柔的爱：这仅仅是你所能拥有的那种爱。例如，这种爱会让一个女人在你眼中拥有非凡的魅力或品质，会让她在你心里处于一个特殊的地位，并让其他所有女人都黯然失色。这种爱，甚至在你侮辱她的时候，仍然能让你对她留恋不舍。不过我知道，这就像苏丹对待他最宠爱的妃子和婢女的区别一样：他虽然爱他的宠妃，但这并不妨碍他偶尔更偏爱一个简单的婢女。"

代代相传的财务焦虑

美国作家斯蒂芬·柯维（Stephen Covey）提出的"稀缺心态"理论，揭示了这样一种恐惧：当所有女性只能依赖一个君主来满足她们的需求，同时又不得不面对分享的现实时，就会产生"稀缺心态"。如果我们从资源稀缺的角度来看待世界，这就意味着一切都是有限的。因此，在共享蛋糕的情况下，一个人的取用无疑会减少其他人可享用的部分。而这种关于有限的认知偏差和由此产生的焦虑就深深地藏在每个女性的思维当中。即便我们知道,我们生活的社会在这方面已经有了很大的改善,但父权制仍然影响着女性,她们仍然会因"匮乏"感到恐惧。

这种匮乏心态继续在女性心理中潜移默化地传播:她们认为她们的工作机会不足,可以相识并发展婚恋关系的男性也严重不足,所能拥有的财富也有限。在她们眼中,一切都是有限的,好像在男性和女性之间,成功和富足并不会以相同的方式实现。这一观念所涉及的核心问题其实与财务安全有关,或者更准确地说,是对财务危机的恐惧。**代代相传的财务焦虑仍然存在于女性之间,"永远不够"的限制性心理暗示也因此被强化了。这种恐惧往往间接转化为攀比、嫉妒和竞争,最后导致女性之间的对立。**

正如柯维所阐释的,这一切都与我们的认知有关。要想避免这种基于恐惧的竞争,那么我们就需要培养女性的合作精神,并采取相反的思维方式——富足心态,也就是说,不论男女,每个人都有着充足的资源。这涉及范式的转变:"范式[①]之所以强大,是因为它们创造了我们看待世界的方式。如果你想在生活中实现微小的变化,那就改变你的态度。但如果你想要根本性的变化,就需要改变你的范式。"

[①] 从本质上讲是一种理论体系、理论框架。在该体系框架之内的该范式的理论、法则、定律都被人们普遍接受。

第 2 章 女性竞争从何而来？

生物学的解释

我们现在来按照进化心理学家们的方式，将我们的分析延伸至史前时期，以便更好地回溯历史的进程对女性生理的影响。

进化心理学的出发点是，我们的身体特征是数百万年进化的产物，它受到自然选择和性选择的影响。例如，在热带地区，皮肤产生较多黑色素的人在史前时代更容易生存下来，因为他们更适应强烈的阳光辐射。

同样，我们的行为和心理特质也是经历进化选择的结果。大脑和其他器官的发育也会受到生存环境的限制。例如，在原始草原上，人们对黑暗、空旷、雷雨、蜘蛛和蛇的恐惧其实是一种极为有用的情感。这一恐惧能帮助我们顺利避开危险，简言之，在几十万年前，缺乏恐惧感的人无法长时间存活。在这种情况下，利于生存或繁衍的优势特征便得以延续下来。

将他人视作竞争对手的女性，是否在进化上占有优势呢？我们向法国科学哲学博士、科学记者、散文家、翻译家及博主佩吉·萨斯特尔（Peggy Sastre）咨询了这一问题。她的研究深受进化心理学的启发，特别是关于"女性从早期便开始竞争"的假设。

她指出，小女孩更倾向于成双结对地对抗他人，而小男孩则更倾向于较为个人主义的竞争方式——单独的个体与一整个团体竞争，最优秀者获胜。

萨斯特尔在《孤独的恨》(*La Haine Orpheline*)一书中写道：

> "性内竞争是有性生物的一种基本适应行为，在获取和垄断繁殖资源方面极为有效；简而言之，就是为了引诱。性内竞争主要集中在那些对自己的性策略有利的特征和特性上，而不是对异性的性策略有利的特征和特性。具体来说，男性内部竞争围绕女性所需的特质，如力量和资源，而女性竞争则围绕男性所需的特质，诸如美貌和生育能力等。在男性群体中，力量的角逐是最常见的竞争主题，以便于在女性面前更好地彰显他们在体魄和财富等方面的优势，而女性之间的竞争则更立足于'男性想要什么'，这一竞争也在满足男性需求的动机下加剧。"

男女异性间的竞争可能源于生殖过程中的生物学差异。从生物学角度来看，虽然男性相较于其他物种在抚育后代上确实要承担更多的责任，但女性在怀孕和哺乳期间所承担的责任是男性的百倍。不过性内竞争——同性之间为了获取繁殖资源和机会的竞争——仍然是人类社会中最普遍的现象。

然而，并非所有研究者都赞同这种有关性内竞争的理论。有的观点不仅引发众多争议，还令我们感到十分不适。比如有学者认为，经过数百万年的进化，女性的基因就决定了她们会为了吸引男性注意而相互竞争。我们必须明白的是，相关科学文献表明，女性竞争其实并非由其生理特征决定，这只是在自然变化中形成的一种趋势。但是，这一解读并不意味着我们非要接受竞争，或者是面对持续的竞争而深感无力。这一现象并非一直存在，不是所有女性都处于竞争状态。但是，了解与进化有关的竞争理论，反而能让我们更加深入地思考女性关系的本质。

性内竞争：造谣、嘲讽和孤立

在性内竞争中，女性更倾向于采用间接攻击的方式。与涉及身体或语言的直接攻击不同，间接攻击采用的是更隐蔽的策略。女性通常通过激发他人对目标的敌意、散播谣言、嘲讽或将其排斥出群体的方式来达到攻击的目的。研究表明，这种行为往往自幼年时就开始表现。

一项针对 15 岁青少年的研究发现，52% 的女孩倾向于采用间接攻击方式，而男孩中这一比例仅为 20%。2013 年，渥太华大学心理健康和校园暴力预防研究主席特蕾西·维兰库特（Tracy Vaillancourt）教授对女性的间接攻击行为进行了详细的研究。她发现女性倾向于批评竞争对手的外貌，造谣其感情状况或是性关系，尤其是针对那些有吸引力和有性伴侣的女性。维兰库特认为，这种间接攻击是性内竞争中一种非常有效的策略。她还指出，在职场中，女性往往对有吸引力的女性应聘者持有歧视态度。

那么，我们是否应该接受这一老套的观点，即女性习惯于通过阴谋、虚伪和卑鄙的手段达到目的？

佩吉·萨斯特雷指出："自女性主义兴起以来，女性间使用间接攻击的手段就变得更为广泛，这一手段也体现了女性的厌女症。诸如暗中行事，通过流言蜚语来摧毁他人，这都是我完全不认可的方式。有些女性认为，由于我们没有男性的那种强大力量，因此散播流言是一种十分有效的攻击方式，它对自己几乎不会造成任何风险，却能对别人造成最大的伤害。"

"有一个典型场景就形象地阐述了女性间流言的运作方式：一边是三个男人，其中一个走过来说'嗨，笨蛋'，然后与另外两人击掌。另一边则是三个女人，其中一个对另外两个亲切问候'你们好吗，亲爱的？'结果等那女人一离开，她们便评论道'真是个荡妇'。"

美丽、纤瘦、年轻：以生存为目的

特蕾西·维兰库特与研究伙伴安查尔·沙尔玛共同进行了一项涉及 40 位女性的研究。其目的在于观察两组女性对同一年轻女性研究助理的不同反应。

在第一组实验中，该助理穿着牛仔裤及 T 恤；而在第二组实验中，她身着迷你裙与紧身上衣。结果显示，当助理离场时，第一组未有显著反应，而第二组则对她的着装进行了一致的批判。

此实验揭示，在职场等专业环境中，女性倾向于淡化自身的

第 2 章　女性竞争从何而来？

吸引力，选择较为保守的装束。她们希望自己被关注的是才干而非外貌，如果不这样，她们就很有可能陷入潜在的竞争之中。虽然谈论、认识和接受这一现实并非易事，但深入研究便能发现，许多年轻貌美的女性都有着类似的经历。

那么，美貌为何在这场竞争中占据核心地位？为何又成为男性选择伴侣的重要准则和引发性诱惑的基础？在多数男性看来，女性似乎更加重视异性的力量和财富，而非外貌。为了回答这些疑问，我们还是需要回顾一下数百万年的进化史。新鲁汶大学的人类学教授勒内·扎扬（René Zayan）解释道：

> 简单来说，女性倾向于选择资源丰富的男性，以保障后代的生存能力；而男性则更倾向于选择年轻健康的女性，以确保生育能力。正如进化心理学所揭示的，人类在选择伴侣时的主要依据是能优化繁殖能力的身体特征。
>
> 男性展现的高水平睾酮标志会增加其吸引力，如身体力量、与资源丰富相关的支配力或社会地位；而对于女性而言，展现出可靠的生育能力势必会增加她们的魅力。美貌在这里被定义为个体生殖能力的外在表征，如对称的面部或特定的臀腰比例等，这些都与生育和抚育后代的良好基因相关联。

但要注意的是，美貌并不是唯一的评判标准：诱惑力、吸引力和魅力也起着重要作用。

在进化心理学著作中，一些作者将外貌上的美和吸引力混为一谈。他们指出，一个人的面孔吸引人的原因可能在于眼睛的表达力，例如微笑时眉毛上扬、瞳孔放大、眼皮眨动以及眼周纹路的形成。

有的面孔，即使在传统美学标准上不被视为典型，也依然有可能有着吸引力。这一非典型的美在于不同特征的组合，如天真与成熟的融合，阴柔与阳刚的结合（在某种程度上，两性气质兼具的面部特征很吸引人）。相反，即使面容美丽，如果一个人在表达和交流能力上不够出色，那么他们也不会被认为具有吸引力。

身体也是女性竞争者们所关注的焦点。美国进化心理学家琳达·米利（Linda Mealey）认为，饮食失调是女性间竞争的直接后果，同时也反映了女性对"瘦"的盲目崇拜，这种情况在男性竞争中就极为少见。因此，女性常以外表来评价自己。

减肥成功的歌手阿黛尔曾分享她关于身体被物化的感受。她说："在我的整个职业生涯中，我的身体一直被物化。我明白为什么她们会这么震惊，我也知道为什么她们会因为我的瘦身觉得难受。

第 2 章 女性竞争从何而来？

虽然我的作品曾代表许多女性发声，但我仍是我自己。"那么，对她来说，最糟糕的是什么？"最让我失望和难过的是，对我身体最恶毒的评价竟来自其他女性。"

卡洛琳·鲁（Caroline Roux）是一名经验丰富的政治记者，她为法国第五频道（France 5）制作了一系列纪录片，并在该频道的知名政论节目中取得了巨大成功。她同时也是一位时尚爱好者。在接受媒体俱乐部的记者采访时，她坦白自己的服装和发型经常遭到批评。她说："有人批评我'以为自己在参加时装秀'，或者质疑'这是政治节目还是选美比赛？'"这些批评几乎都来自女性。

我们知道，在许多神话故事中，每个女性似乎都以赢得男性的爱为生存目的，而女性间的竞争则被视为为了获得这种稀有特权而进行的争斗。

这一行为实际上巧妙地促进了男权的维系和发展。在阿尔弗雷德·德·缪塞（Alfred de Musset）的诗剧《酒杯与嘴唇》（*La Coupe et les Lèvres*）中，贝尔科洛雷刺杀了迪达米娅，因为她被唐璜·德·马拉纳抛弃；而被唐璜抛弃的维托利亚则杀死了她的情敌卡罗琳娜。还有，当玛蒂尔德得知雷纳尔夫人每日两次前往监狱探望朱利安时，她的嫉妒心情达到顶峰。

在以 1835 年为背景的小说《两段爱情和两具棺材》（*Deux Amours et deux Cercueils*）中，阿尔芒公爵的妻子死于情敌的嫉妒，她丈夫的情妇"每天在牛奶里放砒霜"。在小说《激情与美貌》

(*Passion et Vertu*)中，女主角马扎深处热烈的爱情之中，她对所有女性充满憎恨，"尤其是那些年轻貌美的女性"，因为她们可能成为她潜在的情敌。这样的小说不胜枚举，横穿好几个世纪。在这些故事中，潜在的情敌往往被描绘得更年轻、更纤瘦、更美丽，更容易吸引男性的注意。

竞争是趋向，并非宿命

我们的部分问题或许源自生理和生殖机制，但女性之间的竞争并非不可避免。我们完全有能力塑造自己的行为。**此前的观点主要说明竞争只是一种天然的趋势，而非不可改变的宿命。意识到这一点，就说明我们已经走出摆脱竞争的第一步。**

佩吉·萨斯特雷对此有独到见解。

> 通常，有害的刻板印象并非凭空而来，而是根植于生物行为的演变。简言之，男性的竞争意识推动他们追求卓越。当他们感到自己在某些方面不及他人时，他们的进取心便会被激发出来。相对地，女孩子可能因此而产生不健康的攀比心态，比如会有诸如"她比我漂亮，她打扮得比我好"的想法。特别是对于那些活跃在社交网络上的年轻女孩，她们甚至会因此受到破坏性的冲击。

我们只有深入理解竞争机制的运作原理，明白为什么女性在进化过程中变得更倾向于竞争，才能找到应对之策。此外，虽然我时常遭遇一些女性主义者的批评，但在研究成果上我们往往能达成共识，分歧主要在于方法上。

心理学的解释

厄勒克特拉情结：冲突回避

大家也许都听说过精神分析学派创始人弗洛伊德所提出的著名的"俄狄浦斯情结"。1897 年，弗洛伊德从古希腊剧作家索福克勒斯的作品《俄狄浦斯王》中获得启发，进而提出这一理论。该悲剧讲述一个儿子因命运安排而杀害自己的父亲并娶了母亲。简言之，男孩在童年早期对母亲产生"渴望"，视父亲为情感竞争对手，这被认为是儿童心理情感发展的一个正常阶段。

12 年后，卡尔·古斯塔夫·荣格为寻找女孩版的对应情结，从希腊神话中的厄勒克特拉故事中汲取灵感。厄勒克特拉是克莱特涅斯特拉和阿伽门农的女儿，她与兄长谋划杀害母亲，为父亲报仇。这成为小女孩对父亲的依恋和与母亲的竞争关系的理想隐喻。

弗洛伊德从未承认厄勒克特拉情结，因此其未如俄狄浦斯情结般知名。尽管这些概念如今已有一个多世纪的历史，并受到现代精神分析学和心理学的质疑，但我们仍能在女性的"阴茎嫉妒"①或"阉割情结"②中发现这些古老悲剧的影子,这些理论也为解释男女关系提供了一个视角。诚然,我们不能忽视这些经久不衰的理论,但仍需注意的是,在其他时代和文化中,同性恋关系显然是被忽略了,因此这些理论在某种程度上存在着片面性。

如果我们未妥善处理自己的厄勒克特拉情结,是否就会持续与其他女性竞争?精神病学家和精神分析师玛丽·莱昂-朱林(Marie Lion-Julin)提出了这样的观点,她阐述道:一些女性不愿与母亲竞争,选择回避,哪怕这意味着放弃自我。之后,在其他竞争环境中,这种心态可能会再次被激发,她们继续回避冲突,继续将其他女性视为威胁,回到青春期时的脆弱状态。我们将在下一章进一步探讨这一广受支持的理论。

普遍缺乏自信

在前面我们探讨了女性普遍缺乏自信的问题。

这一问题其实是父权长期控制下的历史结果。她们在一个更偏重外貌而非智慧的社会中成长。受限于社会各方面的要求,如必须保持年轻、苗条、美丽及成功,与此同时,还承受着各种精神上的负担——这些负担可能来自亲密关系或职业选择。她们努力

---

① 20世纪女精神分析学家卡伦·霍妮(Karen Horney)曾直言不讳地反驳弗洛伊德的"女性对男性怀有阴茎嫉妒"论,提出男性对女性可能怀有"子宫嫉妒"。许多男性拼命工作的行为,可能是为了过度补偿自己无法生育、无法给世界带来新生命的缺憾。
② 指男孩害怕丧失生殖器官,女孩幻想曾有过男孩生殖器官,后被阉割而留有余悸。

地在相互矛盾的要求之间权衡，同时陷入"比较"的漩涡，导致自信心流失。2018年康奈尔大学的一项研究发现，相较于女性常常低估自己，男性则倾向于高估自己的能力和表现。

对许多男性而言，他们通常自信且具有自知之明，竞争对他们而言是激励自我超越的动力。**但对于那些生活在被揭穿的恐惧中、觉得自己不配成功的女性来说，竞争的体验则更为激烈。**她们不可避免地会将自己与其他更优秀、更聪明、更有魅力的女性比较。即使取得了成功，她们也常感觉付出了过多努力和牺牲，对自己甚至比对其他女性更加苛刻。

在男性主导的环境中，女性往往尝试通过融入环境、接纳其中的规则来适应这样的主导。但为何男性间的竞争被视为健康和正常，而女性在职场的竞争却时常遭到指责？

"女性就该温柔友善"的教条

正如前文所述，人们期望女性在对待彼此时更加温柔。友好、善良、八面玲珑、富有同情心被视为"女性"的典型特质，而强势、好斗和野心勃勃通常被排除在外。因此，当女性发现自己身上具有这些特质时，往往会将其隐藏起来，因为女性就是不应该渴望权力，也不能热爱争斗。

由此产生的同性竞争通常具有隐蔽性，有时甚至是无意识的，因为公开承认这种竞争无疑是一件难事。女性在处理冲突时，常常需要保持极大的克制，即使在愤怒时也应尽可能维持冷静。

直接的对抗往往被看作是失控或不雅的行为，如果女性参与其中，便是偏离了固有的传统女性形象。那么在与其他女性竞争的情况下，女性应如何保持尊严，同时又不感羞愧？这是一个值得深入探讨的议题。

得不到的东西，就毁掉

我们生活在一个模仿欲望盛行的社会中，我们的欲望往往源于对他人所拥有之物的渴望。法国当代哲学家勒内·基拉尔（René Girard）将竞争概括为一种模仿现象，这种模仿可以是健康的，表现为效仿和追求提升的欲望（例如，想要获得与他人同等级的学历），也可能在极端情况下演变为暴力："从有目标对手的竞争逐渐演变为了纯粹和简单的竞争，推动他们的不再是占有的欲望，而是毁灭的欲望，正如俄狄浦斯的儿子埃忒俄克勒斯和波吕涅斯最终走向了互相残杀的悲剧。"

这种对他人所拥有之物的模仿欲望并非某一特定文化或社会群体的特有现象，而是消费主义社会中普遍存在的现象。然而，这一风气在女性中似乎更为明显，因为她们面临的关于欲望的挑战更为复杂和多样。

在某私人服装销售广告中，两位女性朋友间的对话体现了这一点。其中一人询问另一人该品牌的产品是否值得购买，对方回答称不值得，暗示品牌不佳或价格过高，但我们知道她是在隐瞒自己的真实意图。这一交流的结尾揭示了一个典型的矛盾："好顾客，坏女友"。这个谜题也一直存在在我们的生活中：人们都不愿意分享他们的好去处。

被动攻击

在父权制和性别歧视的框架下，女性往往被限制在特定的角色中。她们被教导保持沉默，不能公开表达攻击性、野心或嫉妒情绪，以避免直接冲突。在男性面前，这可能使她们失去女性的独特地位；在女性面前，冲突则可能破坏彼此间的亲密关系，而亲密关系正是女性情感慰藉的重要来源。

在这种环境中，所谓的"被动攻击"行为就悄然展开。女性被认为是"被动攻击"的高手。这是一种"绕道"表达抵抗或反对的态度：我们生闷气，我们假装忘记，我们抱怨被误解、被轻视或被虐待，我们通过散布谣言来进行攻击。

22岁的生物系学生伊娃，每周花费几小时在一家时装店担任销售助理。她分享了自己的经历："我曾在几家高端时装店工作，一直都很顺利，直到今年夏天。当我在接待顾客时，有一位同事对我投以白眼，一边挪动我整理好的衣服，一边叹气。我多次询问她有何问题，她却总是说我多心，认为我奇怪。有时我们会一起吃午饭，她看似友善，我可以畅所欲言。"

"但回到店里，她又开始翻白眼和叹气，总是在我背后做一些让我感觉难受的事情。我问她：'有什么问题吗？'她却生气地回答：'没问题。'她既没有解释也没有表露不满。最终，我开始自我怀疑，甚至因惹恼她而内疚。我开始害怕再次与她共事，最后决定辞职。后来，一位学习心理学的朋友帮我认识到，她的行为实际上是一种被动攻击。这种行为让被攻击者对自己产生严重怀疑，从而感到极度不安。"

人际交往往往折射出了某种智慧，也体现着丰富的情感，但是当这些情感被恶意使用时，它们就会演变成骇人的心理武器。被压抑的暴力可能以多种形式重新出现，如排斥、疏远、背叛、抗拒、侮辱、散布谣言或突然绝交。**女性不再只是柔弱和脆弱的象征，她们也能施展暴力，而社会环境往往迫使她们采取这种间接的方式。** 其实用侮辱性的语言攻击他人造成的心理创伤，往往是十分深刻且难以愈合的。但女性是否还有其他应对方式呢？

在讨论关系攻击时，我们指的是那些形式多样的心理暴力：关系攻击是一种侵犯行为，通过暴力的方式来对他人造成伤害或构成威胁，从而操纵和破坏人际关系。这种攻击特指针对个体的感知、情感或行为的侵犯,更确切地说,它是对人际关系的侵犯[①]。

关系攻击作为一种控制手段,主要通过羞辱、排斥和排除等方式显现。而被动攻击则不采取直接和果断的措施,而是借助操纵和伪装,将施虐者塑造成受害者,从而扭转局面。但真正的受害者会有怎样的体验呢?通常会陷入一种难以言表的不适感和自我责备的情绪中。如果你遭受了肢体攻击,你能够清楚地理解他人对你进行了攻击,而你受到了伤害。相反,被动攻击的策略却让被攻击者(受害者)自己成为问题的中心。这种情况还可能导致受害者在未来与其他女性建立关系时产生阴影。

社会学的解释

我们已经了解到,数千年的父权制给女性带来了深远的影响,以至于女性总是觉得自己不如男性。类似地,20世纪40年代在美国进行的"玩偶测试"揭示了非裔美国儿童对白色玩偶的强烈偏好,而不是黑色玩偶。心理学家肯尼斯·克拉克(Kenneth Clark)和玛米·克拉克(Mamie Clark)通过一系列实验,研究了偏见对非

[①] 有研究者进一步将关系攻击分为了两种类型:1. 爱的撤回(love withdrawal)是一种直接的关系攻击形式,指的是通过撤回原本友好的感情,作为伤害对方的一种手段,比如刻意忽视对方,或是分手、绝交;2. 社交破坏(social sabotage)是一种间接的关系攻击形式,指的是破坏对方的社交关系,在社交关系中恶化对方的形象,例如散布对方的谣言,或是说服第三方偏袒自己等。

裔美国儿童的影响。在实验中，孩子们被放置在一个房间里，桌上摆放着四个玩偶，两个棕色皮肤黑色头发，两个白色皮肤金色头发。科学家会向孩子提出一系列问题，如"给我一个你喜欢玩的娃娃""给我一个漂亮的娃娃"等。结果显示，大多数儿童更喜欢白色玩偶，其中 67% 的儿童更愿意和白色玩偶玩，59% 认为白色玩偶"漂亮"，59% 认为黑色玩偶"难看"。

近年来，法国也进行了类似的实验。一位黑人小女孩在被问及"哪个娃娃最不漂亮"时，她回答："黑色的，因为我不太喜欢黑色。等我长大了，我要涂上奶油，让自己变白。"这说明，黑人儿童可能已经将与肤色相关的偏见内化为自身生活的一部分。同样，女性也可能接受并内化与性别相关的认知偏见。

这些实验结果是否间接解释了女性在取得了与男性相当的成就时，常被其他女性羡慕甚至嫉妒的原因？是否还可以帮助我们理解，为何在遇到自认为个性强、智力超群或社会地位较高的女性时，其他女性会产生竞争心理？

我们知道，社会对女性的要求一直都极为严苛。早在二十多年前，记者兼作家米歇尔·菲图西（Michèle Fitoussi）就开始谴责"女强人"这一论调。尽管 #MeToo 运动放大了女性的声音，并使女性运动取得一定进展，但社会对女性的要求却仍未改变。

那么，除了试图理解这种对立，并勾勒出女性间关系的新模式外，我们还能做些什么来打破这种对立呢？女性是否能意识到这些系统性的竞争行为,从而停止取悦男性?记者安妮·辛克莱(Anne Sinclair)在其回忆录出版之际,回顾了她与 2011 年被指控强奸的多米尼克·斯特劳斯-卡恩(Dominique Strauss-Kahn)的婚姻。在谈到与前夫的关系时,她说:

> "我重现了我与母亲之间的关系模式。在这段关系中,我是一个有行动力的女人,我管理家庭预算,质疑强权,但同时也害怕与他意见不合,害怕对方不高兴。我不知道这是否是一种束缚,但不管怎样,我这样做都意味着服从和接受。"

内化的厌女症

法国女演员兼歌手卡梅里亚·乔丹娜(Camélia Jordana)在一次访谈中阐释她对女性间竞争的看法,认为这反映了内化的厌女症,她自己也曾是这种心态的受害者。"在演艺界,我曾内化了这种厌女症,把所有女性视为敌人。现在,我已学会解构这种心态。"无论是在演艺圈还是校园,此类现象似乎难以避免。

> 在数字咨询领域工作 5 年后,29 岁的黛安也得出了相同的结论:"数字领域向来是男性的天下,显然男性在这里更易融入。我那时刚入职一家新公司,当我发现我的上司

是一位女性时，我非常兴奋——终于在男性主导的环境中遇到女性领导！但我的兴奋很快转为失望。我不理解的是，为什么我的女上司与男同事合作时就一切顺畅，但对我的态度却截然不同。她对我频频表现出恶意，仿佛我一无所知，无能为力。我感觉我好像在地狱似的。"

佩吉·萨斯特尔指出，校园欺凌也呈现出类似的模式：

"女生们常联合起来，针对班级中最出色、最漂亮、最突出的女生进行攻击，以此形成一种联盟。即便在当下的女性运动中，我们仍能见到相似的情况。虽然人们总是谈论姐妹情谊，但有些女性群体却在背后攻击其他女性，甚至是针对个体。有时，姐妹情谊往往只是表象。"

"在法国LCI电视台的节目中，主持人在引述一位女性对某知名女性作家的批评时，该作家反驳道："我从未公开反对她，为何她要在背后攻击我？这难道说明，在公开场合批评女性是不应该的，但私下里就可以？你不觉得难受吗？女性之间这种暗中互相伤害的方式，是我最不喜欢的，也是最有毁灭性的。"

我们是否应该放弃女性间的友好团结是天然形成的这一想法？

第 2 章 女性竞争从何而来？

我们几乎都曾被女性伤害过，无论这伤害是来自同事还是朋友，我们本以为她会站在我们这边。菲利斯·切斯勒（Phyllis Chesler）在其著作《女性的负面》（*Woman's Inhumanity to Woman*）中回顾了这些破坏性经历和潜藏其中的种种攻击，有时这些攻击会残酷地破坏我们认为坚不可摧的东西。切斯勒敦促我们需要重新审视女性团结的真实性。

当我们遭遇失望、不公或误解时，缺乏情感支持、缺乏对痛苦的理解本身就会构成一种伤害。如果我们对他人的情感期望过高，随之而来的失望就会更加深刻，体验也会更加残酷。我们往往幻想能随时向某人倾诉，不会遭到反驳，幻想在任何情况下都能得到支持，永远不会被背叛或抛弃……然而，这些期望几乎是天方夜谭。切斯勒认为，这种对女性团结的质疑可能源自她们对彼此的失望，也可能反映了女性间的竞争心态。这一现象只是女性内化厌女症的表现：

> **女性常不自觉地期望其他女性都具有母性，能够彼此关照，但这种期望是不切实际的**。在现实生活中，女性之间的竞争和攻击性都非常激烈。女性被教导去否认这一事实，这种否认导致了怨恨、诽谤和排斥。遭受这种间接的攻击是一种痛苦的经历，尤其是当大多数女性通过依赖他人来获得亲密关系、友谊和社会认可时。

矛盾的指令

社会常常通过传达既混乱又矛盾的信息来操控女性的行为和欲望。这使得女性常常徘徊在两难境地，难以找准自己的方向。与此同时，这一困境也导致女性的内心长期充满了冲突感和不安感，而防御和竞争这两种手段则是女性解决冲突时最常用的方式。正如研究"荡妇羞辱"文化的作家莱奥拉·塔南鲍姆（Leora Tanenbaum）所言：

> "一个简易的思维方式是，我们通过与其他女性的竞争来掌控我们的生活；我们在竞争中把自己和他人都放在一个狭窄的范畴，例如：'我每周去健身房四次，而她却完全不关心自己的身体状况。'这种混淆只会削弱女性的主体能动性，使她们陷入持续竞争的状态。"

以下是几个例子，展现了我们经常面临的矛盾指令：

◎ 关于美丽："保持苗条和漂亮、紧跟时尚、注重仪态很重要。但同时，我们又被告知，这些都是肤浅的东西，真正重要的是内在美。"
◎ 关于爱情："我们应该找到一个好男人并与之结婚。同时，我们又被告知，不需要男人也能获得自身的完整和独立，随着越来越多的女性参与工作，我们不必依赖男人的经济支持。"
◎ 关于工作："我们需要像男人一样竞争才能成功，但作为女性，合作、分享和友好同样重要，否则可能会被视为冷漠刻薄。"
◎ 关于身份认同："我们被教导，成为妻子和母亲是最大的成就。但我们也明白，不论她的父母是谁，她的婚姻状况如何，女性都需要有自己的事业，需要经济独立带来的成就感。"

害怕"放纵"

2013年，康奈尔大学的扎娜·弗兰加洛娃（Zhana Vrangalova）教授进行的一项研究发现，即使是拥有多个性伴侣的女性，也倾向于避免与性解放的女性交往，认为她们不适合成为朋友。弗兰加洛娃教授及其团队首先对751名学生的性行为进行了调查，然后让参与者阅读一份描述过去有过2个或20个性伴侣的同性人物的简介。

研究结果表明，女性对同性和对异性存在着明显的双重标准：被称作"荡妇"的女性备受羞辱，而那些被视作"情场高手"的男性则备受推崇。令人意外的是，性开放的女性并不会把同样开放的女性视为潜在的朋友——她们本应是可以顺理成章地成为相互支持的同路人。因此，那些被认为行为"轻浮"的女性更可能遭受社会孤立。

与"荡妇"为伍，就可能被人误解为与她们同流合污，从而遭受类似的批判。佩吉·萨斯特尔也观察到了类似的现象："女性之间的竞争往往围绕着美貌或与美貌相关的青春特征、端庄和谦逊等方面展开。不同文化背景下的调查都一致表明，最为保守的性言论往往出自女性之口，社会中最为保守的群体大多也由女性构成，她们对其他女性的着装、堕胎、同性婚姻等议题的批评最为严厉。这也是因为这些行为有悖于男性所珍视的、那些专属于女性的品质。"

无法逃离的选美比赛

"我们从小就被教育要比较。"玛丽亚·帕雷德斯（Maria Paredes）博士，一位执业心理咨询师这样表示："每个人都或多或少有这样的经历……但女性从小就被培养去将自己和他人做比较，想想那些对女性进行评估并排名的选美比赛。所有人类天生就有比较和竞争的需求，这源自大脑最原始的部分，是一种早于社会化的生物本能。

对女性来说，还存在一个更加现代、与社会化紧密相关的原因，'从女性权利发展的历史来看，她们能获取资源的历史并不长远。'"

帕雷德斯同意斯蒂芬·柯维关于稀缺感的看法，这种感觉使得其他所有女性看起来都像是竞争对手。正如我们在序言所说的，社交网络加剧了女性之间的比较。在这个全天候的展示窗口里，一切都清晰可见：身材、服装、活动、装饰品、假期、孩子等。

害怕不被喜欢

女性通常是第一个体验到背叛的苦楚的人，如同我们在《绯闻女孩》（*Gossip Girl*）或《比佛利山庄》（*Beverly Hills*）等电视剧中所看到的那样。你的闺蜜夺走你的男友，你的世界因此而崩塌。

成年后，你可能以为自己已摆脱青春期的肤浅，进入类似《欲望都市》中女性友谊牢不可破的理想世界，但现实却大相径庭。纳奥米·沃尔夫（Naomi Wolf）指出：

> 无论是在战场上还是操场上，男性的竞争通常更直接且目标明确，不会留下混乱的情感、眼泪和自责。而女性间的竞争则更加隐蔽。女性往往将爱、不友善和敌意混为一谈，她们想批判或摧毁的对象往往也是吸引着她们的人。

沃尔夫深入分析了女性之间竞争的根源，她指出，这种竞争可能源自于认同感和吸引力。

> 这或许能部分解释为何在友谊上极为亲密的女性在情

感上却极为脆弱，以至于到最后，攻击或背叛被她们视为唯一"安全"的出口。

"虽然女性自杀式袭击者、强奸犯或恋童癖者较为罕见，但讨厌女性的女性其实并不少见。这种现象无法仅仅通过社会或心理学分析来解释。"波士顿伊曼纽尔学院的研究员乔伊斯·贝嫩森（Joyce Benenson）指出了影响女性之间产生竞争的关键条件：

首先，女性需要保护自己以免受伤，否则这可能威胁到她们目前或未来的生育能力。这就是为什么女性更倾向于进行间接攻击，如言语攻击或团体施压，而不是直接的身体对抗。

其次，地位较高或特别有魅力的女性不太需要其他女性的帮助，也不愿与潜在的竞争对手建立关系。因此，那些试图脱颖而出或提升自身地位的女性可能会威胁到其他女性，并因此受到排挤。

最后，在极端情况下，女性可以通过排斥对方来保护自己免受潜在竞争对手的伤害。如果社群中出现了一位有魅力的新成员，所有在场的女性可能会集体冷落她，迫使她离开，从而增加自己与周围男性交往的机会。

第 2 章 女性竞争从何而来？

害怕不被喜欢。这种难以名状的恐惧有时会驱使我们牺牲其他女性,以便站在男性,尤其是主导阶层的一边。如果说学习与其他女性成为真正的姐妹意味着从这里开始,那么不妨先学会让男性不悦,更多地信任自己,专注于自己的内心世界。

美国作家、制片人和播客主持人艾米莉·V. 戈登(Emily V. Gordon)在 2015 年 10 月 31 日刊登于《纽约时报》(*New York Times*)的文章《为什么女性会相互竞争》(*Why women compete with each other*)中这样写道:

> "归根结底,我们并不是在与其他女性竞争,而是在与自己的看法竞争。当我们看向其他女性时,看到的往往是一个更好、更漂亮、更聪明、更有魅力的自己。我们根本无法看清其他女性的真实面目。这是一面扭曲的镜子,映出了一个不确定的自我,但我们依然追求这一模糊的形象,因为这更容易。**但无论是为了人类的未来,还是为了我们自己的心理健康,我们都不需要贬低其他女性。当我们每个人都专注于成为自己宇宙中的主导力量,而不是侵入他人的宇宙时,我们就能成为最大的赢家。**"

女性之间的
隐秘战争

EN FINIR AVEC
LA RIVALITÉ
FÉMININE

第 3 章
家庭内部竞争

> 当女性只有彼此为伴时,她们之间的嫉妒就会难以估量。
>
> 卡米耶·洛朗[1]

研究者在探究家庭关系时,往往更偏向于研究父母与子女之间的关系,而非兄弟姐妹之间的互动。实际上,兄弟姐妹间的互动在个人成长和成年后的生活中扮演着重要角色。毕竟,我们与兄弟姐妹相处的时间往往远超过与父母相处的时间,而且父母通常比子女先离世。

---

[1] 洛朗1957年生于法国第戎,年少时就展现出了文学天赋。2000年,她的小说一举获得了法国四大文学奖项之一的费米娜奖,并获得了另一个重要奖项龚古尔奖的提名,从而使她成为当代法国引人瞩目的女作家。

姐妹之间

姐妹间的联系是否比兄弟间更紧密？这个问题的研究结果显示了什么？首先，我们发现姐妹之间的亲密程度通常会高于兄弟之间的："我们的研究一直非常一致地表明，在生活的各个阶段中，姐妹间的关系比兄弟间的要紧密得多。这个发现让人深感震惊，"杜克大学医学院的社会学家兼精神病学副教授德博拉·T.戈德（Deborah T. Gold）评论道，"混合性别的兄妹关系更像是姐妹关系，而不是兄弟关系……所以我认为，兄弟姐妹的关系是否亲密，并不仅仅在于由两位女性共同建立的姐妹关系，其关键其实在于这段关系中是否有至少一位女性的存在。"

为何女性的参与会使关系亲密度更高？这可能是因为女性通常更善于表达情感。而我们看到众多研究也支持了这一点，女性的这一特质也有助于维系家庭关系。

心理学家简·梅尔斯基·莱德（Jane Mersky Leder）也得出了类似的观察结果。她的研究显示，姐妹间的联系非常牢固，其次是兄妹之间的联系，而兄弟间的联系则相对较弱。对女性来说，牢固和持久的关系对她们的自我价值感有着十分积极的影响。

拥有姐妹还有助于我们在面对挑战时找到方向："我们发现，在维持良好关系方面，姐妹们更倾向于彼此提供帮助和支持。她们在社交互动中似乎更能相互激励。"

姐妹关系超越了普通友谊的范畴，这一关系意味着彼此共享一系列共同的回忆、家庭经历和童年秘密。这些因素不仅能加深她们之间的联系，还能消除彼此相处时的顾虑，共同塑造她们的性格。但是，我们真的应该以这种理想化的方式来看待姐妹间的纽带吗？特别是我们平时看到的许多与姐妹情有关的故事其实都是在描述一种完全不同的、甚至带有嫉妒和敌意的刻板印象，比如说一些西方神话传统中的那些故事。

一个被男人偏爱，一个成为母亲

《创世纪》中讲述了拉班的两个女儿，莱雅和拉海的故事。拉海在打水时遇到了堂兄雅各布，两人旋即坠入爱河。当雅各布向拉班表明想娶他的女儿时，拉班提出了一个条件：雅各布必须在没有嫁妆的情况下，为他工作七年，之后才能娶拉海——那时，女儿被视为父亲的财产。七年过去，拉班用他的长女莱雅代替拉海嫁给了雅各布：莱雅蒙着面纱，在黑暗中冒充妹妹。

当雅各布发现这个诡计时，他已完婚。拉班承诺，如果雅各布再为他工作七年，就可以娶他的小女儿拉海。雅各布对莱雅没有感觉，因此他努力工作，最终娶到了心爱之人。然而，也许是因为神对重婚行为的抵制，莱雅为丈夫生了四个儿子，拉海却不孕。作为与丈夫共度一夜的交换，莱雅同意给拉海一株具有生育效果的曼陀罗植物。拉海随后也怀孕，生下了两个儿子。

在这段故事中，拉海因为不能生育而嫉妒莱雅，尽管雅各布真正爱的是她。反过来，莱雅嫉妒拉海则是因为丈夫更喜爱自己的妹妹而不是她。她们之间的竞争建立在爱情和生育之上。这在人类历史长河中时有发生，而莱雅和拉海注定无法兼得。这似乎显示了女性的唯一出路：一个拥有男人的偏爱，另一个则拥有做母亲的机会。

值得注意的是，雅各布躲到叔叔拉班那里，是为了躲避企图杀死他的胞兄以扫。雅各布曾冒充兄长，窃取了以扫的长子权利和父亲以撒的祝福。因此，竞争也是兄弟关系的一部分，但它通过更为原始和激进的暴力表现出来：要么以扫消灭雅各布，要么雅各布逃离以扫。相比之下，莱雅和拉海的故事中，竞争并非通过暴力表现出来，最终也得以消解。她们选择了对话、倾听和和解。通过言语和对话，她们摆脱了父权社会的枷锁。

争夺父母的爱

在神话故事中，提坦神阿特拉斯和大洋神女普勒俄涅有七个女儿，女儿之间的竞争十分激烈，都是为了争夺父亲的爱。心理学家玛丽斯·瓦扬（Maryse Vaillant）正是对这种姐妹间的关系感兴趣。在《姐妹之间》（*Entre sœurs*）一书中，她深入探讨了姐妹关系的各种层面。她认为，一个女孩如果拥有一个或多个姐妹，她的命运会因此改变：

第 3 章　家庭内部竞争

恋母情结不再局限于三个角色之间,而是扩展到四个或五个角色之间。对父亲的爱和渴望必须顾及到家中的其他女性。我们过度关注以父亲、母亲和(一个)孩子为核心的俄狄浦斯三角关系,因而忽视了兄弟姐妹关系。当一个女孩看着自己的姐姐,也渴望着她们共同喜爱的男人时,她会更快地明白,这个男人最终会留在母亲身边。梦想抢夺姐妹所拥有的父爱对个人性格发展有着至关重要的作用,就像她在青春期梦想夺走姐妹的玩具,甚至是男朋友一样……但只要这些都停留在幻想阶段,就是正常的!

古希腊神话准确地揭露了这种关系的复杂性。争夺父爱是其中的一个重要方面。在一个家庭中,争夺父母的关注和爱是兄弟姐妹竞争的核心,这是所有竞争中最激烈的部分。而姐妹间的这种关系充满了复杂且多变的情感。不论是儿童、青少年还是成年人,都会经历不同的情感氛围:从喜剧到悲剧的转变是常有的事,而人与人之间的关系一天之内从友好转变为冷淡也并不罕见。在我们生命的前十年,往往是与兄弟姐妹相处最多的时期,也是最为动荡的时期。

光明与阴影的游戏

在成年人的眼中,或者在他们忽略的地方,姐妹间的关系既复杂又迷人。在这段变化万千的关系里,和谐与伤害往往共同存在。从同一个子宫中成长起来的姐妹,以各种方式扮演着不同的角色:她们是彼此的玩伴、知己、顾问、榜样,是彼此的保护者和向导,也是共犯,当然,她们还是激烈的竞争者。尽管如此,姐妹关系就算脱离于家庭,也依然紧密。

姐妹关系如同火焰一样,既能焚毁我们,也能温暖我们。但形成这种关系并非易事。它矛盾、复杂,由友谊、竞争、嫉妒、羡慕和傲慢缝合在一起,强烈地抑制着我们对自己的身份认同。我们的姐妹有时会成为我们前进的障碍。她们取代我们的位置,或者在赋予她们某种权力的地位上坚持不让步。

在面对姐妹所取得的成就时,我们的心中或多或少会有嫉妒和怨恨的痕迹,于是很难平衡好关系间的亲疏。例如,与姐妹疏远会给我们带来一些负面影响,我们的情感可能会因此而变得更为波动,我们对亲密关系的渴望和需求也会被重新唤醒。

以杰娜和兰吉尼为例,这对姐妹分别是31岁和28岁的职业音乐家。当妹妹得到一份她们都梦寐以求的国外知名工作时,杰娜开始对妹妹产生嫉妒之情。

"我真心为妹妹感到高兴,但同时也对自己的能力产生了疑问。所以当她回家看望父母时,我会假装我很忙碌,以便避开她。后来我意识到我很想念她。六个月后,我加入了一个管弦乐队。这时,我明白了我们不需要同时成功,每个人都有自己的时机。从那以后,我会和她尽可能多地相聚。我为自己之前幼稚的态度向她道歉,她理解并原谅了我,我很感激。"

身份和地位的问题总是伴随着我们,特别是在这场充满光明与阴影的游戏中。我们对姐妹有着透彻的了解,而这也意味着我们需要承担所有相关的风险。因此,通过塑造自己与他人的差异来建立自己的个性,往往显得更加困难。

对方就像我们的影子,始终紧随其后,我们要努力变得和她不一样,避免过分模仿对方的穿着或说话方式……但我们为什么要尽量避免和自己的姐妹一样?姐妹间的模仿被揭发后立即引发的争吵就是最好的证明。有多少人在发现自己的姐姐不告而借自己精心准备的裙子穿时,没有愤怒地尖叫过呢?

但恰恰是通过这种嫉妒和比较,我们能够更深入地认识自己,了解自己独特的个性。

儿科医生和家庭关系专家阿尔多·纳乌里(Aldo Naouri)博士指出,母爱的印记在女性成年之后仍将长期存在。母爱无所不在,会给女性的身心留下深刻的烙印。

在兄弟姐妹群体中,每个成员都能敏锐地感知到母亲与其他每个孩子之间的特殊联系。因此,在姐妹关系中,竞争会留下持久的影响，还会激发嫉妒，甚至可能引发彼此的挫败感以及暴力行为。分享母爱意味着必须面对比较和不被宠爱的风险。

姐妹关系经常被打上刻板且对立的标签。比如看到一对姐妹时，诸如"一个聪明，另一个漂亮"的想法就会侵入我们的脑海。这种不自觉打上的标签，会使我们认为是其中一方剥夺了另一方身上的某些特质。

比如姐姐被贴上"美女"的标签，妹妹则被认为是"聪明人"，这难道就意味着妹妹不漂亮，或者姐姐不聪明吗？如果这种标签是父母所贴的，那其产生的影响便更为负面。

来自他人的这种无意识的想法和评论，不仅助长了对某一方的嫉妒，还损害了姐妹间的感情。大众文化常沉溺于这一点，将其作为电影和肥皂剧的主题，传播这些有害的观念。但这一标签的影响力如此之大，无论是大人还是小孩，总是被这一观点左右着。

> 50岁的夏洛特回忆说："我和姐姐之间的战争不是从小时候开始的，而是在几年前我们父亲去世时爆发的。姐姐从那时起就开始讨厌我。她当时正在经历离婚，我知道这对她来说并不容易，我能体谅她。但在随后的几年里，她对我的态度依旧很不好，直到我对她说：'够了，我受够了，我们再也别见面了，圣诞节也不用见面，我也不会和你去看电影，一切都结束了。'我的姐姐泪流满面，向我解

第 3 章 家庭内部竞争

释了她对我态度不好的原因：当她离婚时，我们的父亲正走到生命的尽头，她嫉妒我有幸福的婚姻生活。好像我是父亲希望拥有的那种女儿，而她的生活却如此失败……因此，她有些受不了我。"

"不得不说，在我们家，姐妹之间也存在一些令人意想不到的竞争方式：直到今天，母亲和她的姐妹们，也就是我们的姨妈们，还在进行一种疯狂的攀比，看谁的孙子孙女最多，谁最快有曾孙子曾孙女。一切都可以成为'比较'的理由，即使你已经 80 岁了。"

庆幸的是，我们也有一些可以彰显亲情力量的、与上述的竞争故事相反的例子。姐妹关系的复杂性在这些例子里更为突出。

现年 46 岁的若埃尔回忆起她的高中时代时说道："我的妹妹玛琳比我小一岁，我们关系很好，品位也相似。高中的时候我们都意识到我们暗恋上了同一个男生，他很帅气，还是准备攻读精英学校的预科学生。有一天，他走到我身边，邀请我参加一个他组织的派对。我的妹妹在走廊的另一端看着我，对我竖起大拇指微笑。我觉得她这个行为太可爱了，我的妹妹胜过世界上所有的男孩。所以我拒绝了邀请，谎称自己有男朋友。他并不反感，我们甚至成了朋友。至于我的妹妹,她告诉我,我拒绝他简直是疯了……但她很钦佩我能这样做,如果我接受邀请,她会觉得我背叛了她。"

不是朋友,却是最亲的人

英国电视剧《伦敦生活》(*Fleabag*)成功的关键在于剧情的每个细微之处都闪烁着真知。对于英国人而言,表达情感是一件颇为冒险的事情,因此,他们采取了一种更为幽默的方式。自嘲、淡然、反讽和不经意的言语都蕴藏着前所未有的情感力量。《伦敦生活》主要讲述了两个姐妹在充满挑战的都市生活中所面临的复杂关系。她们在遇到矛盾时,往往更喜欢隐藏泪水,一笑了之。

本剧的女主角和她的姐姐克莱尔生活在一个关系紊乱的家庭中。她们的母亲已去世,而年过半百的父亲即将与两姐妹的教母再婚。自从母亲离开后,她们之间的距离也变得更加遥远,两姐妹从不愿敞开心扉去交流,随之而来的就是怨恨和失望。

所有事情似乎都在将她们分开:姐姐在生活中恪尽职守,是模范妻子、母亲和优雅白领,住在梦想的大房子里,穿着光鲜,俨然一副"神奇女侠"的模样;而妹妹却迷失了方向,在生活中一错再错,没有明确的目标,还把所有爱她的人都拒之门外。妹妹她唯一的挚爱就是宠物仓鼠:它是她经营的咖啡馆的吉祥物,这家咖啡馆却濒临破产。她还经常回忆起她不幸去世的好朋友。她单身,还不懂得如何选择合适的男人,甚至爱上了一位神父[①]。也正因为这段感情,她似乎一直都在背负着沉重的"十字架"。

然而,尽管剧中人物充满了尖酸刻薄的言语和陷阱,两姐妹始终能以并不传统的方式彼此扶持。这正是本剧的巧妙之处。也许这部剧的副标题可以叫做"谁说做姐妹容易?"剧中描述的亲情是脆弱的、易碎的、尴尬的,却始终在你最意想不到的地方,让温柔悄然而至。在一次正式晚宴上,妹妹宣称自己在餐厅厕所流产了。而实际上,在餐厅中突发流产的人是她的姐姐克莱尔。这种牺牲诠释了姐妹间自相矛盾的关系:她们不一定会成为最好的朋友,但始终是对方最亲的人。

在另一部经典剧集《唐顿庄园》(*Downton Abbey*)中,两姐妹之间的竞争却达到了新高度。伊迪丝一直生活在姐姐玛丽的阴影下:她不如玛丽漂亮,也没有多少追求者。更重要的是,她很难在家庭中找到自己的位置,父母也经常贬低她,对她就像对待丑小鸭一样。伊迪丝又嫉妒又怨恨,就将玛丽的婚外情抖了出来,而玛丽的利益也因此严重受损。为了反击,当伊迪丝终于找到了幸福和爱人时,玛丽却将她有一个不为人知的女儿的事实公之于众,破坏了这对夫妻的幸福生活以及她妹妹的爱情梦想。玛丽后来弥补了她造成的混乱,两姐妹最终和解。尽管故事发生在20世

[①] 天主教会要求神父遵守独身制,这意味着神父不能结婚,而大多数新教牧师可以结婚并拥有家庭,生活方式更接近普通信徒。

纪初,女权运动刚兴起的英国,但我们仍对她们之间的暴力行为、因所处的时代以及阶级而充满限制的竞争而感到心痛。

我们知道,一个人无法轻而易举地在家庭中获得一席之地。人生的得失到底又意味着什么呢?面对这些复杂的问题,接受姐妹的不同和爱她之间并不矛盾。家庭地位在姐妹关系中扮演着极其重要的角色。一个女性,如果作为姐姐,那她确实拥有一定的权力,但同时也会承担起照顾妹妹的责任,有时这样的上下级关系会引发姐妹间的不满。即使姐姐拥有较高的地位,也并不意味着妹妹就不会超过她。而当这种超越发生时,姐姐可能会感到自己的地位受到了威胁,并会迫使妹妹重新定位她自己的人生。

姐妹之间的权力斗争是矛盾和复杂的结合体,远非童话故事中的那般简单。对妹妹而言,比姐姐更早找到理想的工作或先于其成家,即使伴随着喜悦,也会留下苦涩的滋味。英国作家多丽丝·莱辛(Doris Lessing)对此有过深刻的描述:

> "我不妨直说了吧:在我对母亲的记忆中,总有一种对立、反抗和被排斥的感觉。看到比我晚出生两年半的孩子被热烈地爱着,而我是这样的痛苦。问题的根本在于我们之间缺乏亲和力。这并非她的过错。我无法想象有谁能比我更难以讨她欢心。但她永远不会承认这一点。我们都认为母亲爱自己的孩子,孩子也爱自己的母亲,就这么简单。"

然而，姐妹之间的相互竞争和相互支持也是一个学习和成长的过程，这种关系有助于我们了解如何与其他女性相处，并将她们纳入我们的内心世界，成为彼此扶持的伙伴，从而增强姐妹情谊。心理学家玛丽斯·瓦扬（Maryse Vaillant）提醒我们，我们应该带着善意建立人际关系：

> 为了帮助一个小女孩成长为一个成熟的女性，摆脱持续不断的嫉妒，她的母亲需要向她传递这样一种思想，即她所拥有的女性特质是了不起的。所有女人都有其独特之处，那就是她们的女性特质。
>
> **女性不必总是扮演诱惑者或受害者的角色，她们也不必通过依靠男性或生育来获得权力**。另一方面，如果母亲否定女儿的女性特质，那女儿们长大后可能会怨恨、争吵，并与其他女性开展激烈竞争。

权力关系的传递

我们可以把经营姐妹关系看作是一场伟大的预演，是未来人际关系的蓝图，是了解女性情感暧昧本质的有益一课：一种将爱与恨结合在一起的方式。我们既爱那些与我们共同生活的人，也憎恨她们；既嫉妒自己最好的朋友，同时又需要她。在日常生活或职场中，这种矛盾的心态最能让我们联想到姐妹关系。

32岁的赛利是一家餐馆的老板。她非常喜欢比她小三岁的妹妹，却无法摆脱对妹妹的某种怨恨感。

"我一直不喜欢上学，这让我母亲很烦恼。我很快就被引导走上了职业道路，最终找到了自己的方向，并且做得还不错。但我的妹妹却拥有律师资格证，并在这一行业大放异彩。每次与她对话，她的律师身份总是给她带来一种优于旁人的光环。我们父母在我11岁时就离婚了。"

"那是一段艰难的时光。父亲带着一个仅仅只有19岁的女孩去国外生活了。家里当时很穷，我们娘仨只能挤在一个一居室的小公寓里，母亲睡沙发床，我和妹妹共用一间卧室。母亲不得不重返职场。因此，每当我听到母亲提起妹妹最近打赢的官司和被一位大律师求婚时，我的心总是难免一阵刺痛。但我愿意为妹妹付出生命。我无限地爱她，因为我们一起度过了艰难的童年，共同经历了没有父亲也没有钱的日子。但我还是不禁有些嫉妒她，尽管我开着一家不错的餐馆，有一个可爱的伴侣，拥有着获得幸福所需的一切。更重要的是，如果我仔细想一想，我就知道，其实妹妹并没有刻意去争取成为最受欢迎的人，她大方又可爱，她是我们的母亲喜欢的那种闪闪发光的女孩……"

第 3 章 家庭内部竞争

40 岁的索兰吉则是代际竞争的见证者。

"我经常说我害怕女性,我时常想起了我的两位祖母和她们与自己的姐妹、女儿之间的关系。当她们成为母亲时,她们把什么传给了自己的女儿?她们是怎样对待自己的女儿的?她们赋予了女儿怎样的地位?"

"我注意到,姐妹间的主要问题通常与男性相关。谁最有魅力,谁是父亲的宠儿,谁通过丈夫获得了更高的社会地位,谁的丈夫更帅……这些都成了塑造姐妹间关系的重要因素,也正是这些因素引发了竞争和对抗。"

"我的外祖母和她的姐妹们虽然不是传统意义上的大美人,但她们都很有个性。因此,在她们看来,谁能拥有一个好丈夫或帅气的丈夫也是一种竞争。我的外祖母在这方面赢得了胜利,因为她嫁得更好,嫁给了一个'条件好'的英俊男人。除了性格强硬外,她还在姐妹中实行上下级制度,她是做出决策的那个,永远有女王光环,永远是社交圈中的第一名。与她年龄最接近的二妹则隐身于她之后,过着与自己地位相符的生活:经济条件较差,丈夫出轨。最小的妹妹则非常瘦弱,一直处于边缘地位,终生未婚。"

"这种等级制度一直延续到了下一代。我母亲只有一个妹妹,而这个妹妹就是父亲唯一的掌上明珠。在这里,女性与男性的关系再次成为竞争的关键。尽管我母亲非常漂亮,但由于祖母的贬低,她并未将自己的美貌优势发挥到最大。她当然知道自己很有吸引力,主要是因为她知道她在男性眼中其实是极具魅力的,但她与自己的外在形象有着复杂的关系。作为长女,我母亲继续奉行着等级和权力原则,对她的妹妹颐指气使,但是她也提醒着自己,妹妹只是更年幼而已,必须尊重她的选择。她们从未亲近,这也是有原因的:我的母亲控制着她的妹妹,而这种控制的背后,其实充斥着她对妹妹的嫉妒,因为妹妹得到了比她多得多的父爱。当外祖母搬进养老院后,这种竞争关系变得异常明显。母亲和姨妈的观点大相径庭,总是让人啼笑皆非,特别是在处理文件、保存物品和安排事宜时,母亲总是对她妹妹指手画脚。"

"这种情况也传到了我们这一代。我有两个姐姐,她们只相差两岁,但我分别比她们小九岁和十一岁。她们总是像对待婴儿一样对待我。我对她们充满了敬意和爱。长大后,我却有点害怕她们,因为她们总是压我一头,总是走在我前面。我的大姐穆里尔18岁时被诊断出患有躁郁症,于是二姐艾蜜莉接替了她的位置,开始继承大姐的女王风范。不管是在绘画上还是写作上,她总显得自己是最有才华的那个。她开始用一种非常矫揉造作的方式说话,总是摆出一副高高在上的样子。这一切缓慢而坚定地发生着：艾蜜莉不再理会大姐；而因为我是家里最小的，所以她和我说话时，就像对待女仆一样。"

"因此，在很长一段时间里，我完全将艾蜜莉是最美的这一事实内化了：我从未想过有人会认为我像姐姐一样美丽、有才华。所以，在成长过程中，男性的目光让我感到不自在。我内化了这种等级制度，也极力弱化了自己的存在感。事实上，我们之间的关系存在着暴力，我也很害怕这样的暴力。我很难推翻既定的秩序。我知道其中也有不稳定的心理因素，也许是普遍的厌女症造成的。在我外祖母那边，姐妹之间也存在着恶意，与其他女性的激烈竞争也十分普遍。在我的记忆中，姐妹之间满是尖酸、无理的言语……单从这两方面来说，我都没遇到过任何情绪稳定、细腻体贴且十分正面的女性形象。"

"最近，由于接受治疗，我开始允许自己做一些事情，认识到自己的才能。经常有人告诉我，我在绘画、写作和唱歌方面很有天赋，现在我真的相信了，并且不再会担心我这么干会激怒姐姐们。**我站在自己的位置上，不与她对立，不凌驾于她之上，也不低于她之下。我只是站在我需要的地方。属于我的地方。**"

三个女人一台戏？

1986年的电影《汉娜姐妹》（*Hannah and Her Sisters*）围绕着三姐妹的生活展开。其中大姐汉娜在婚姻和事业上都取得了成功。另外两姐妹，尤其是二姐霍莉总是处于她的阴影之下，没有固定工作，也缺钱。这部影片向我们展示了，在同一个家庭中，姐妹之间不同的生活方式也可能导致紧张关系，尽管她们彼此非常亲近。

霍莉："你对我就像对待一无是处的人！你一点都不信任我，还总是泼我冷水！"

汉娜："怎么会呢！我觉得我反而帮了你不少。我一直在尽力给你建议，在经济上也随时准备帮衬你。我还给你特地介绍了很多单身男……"

霍莉："别提了！都是些没用的人！"

汉娜："那是你要求太高了。"

霍莉："你给我介绍什么样的人，就能看出你是怎么看我的。"

汉娜："你疯了吧，根本不是你想的那样。"

霍莉："我知道，我就是很平庸，很没用！"

更糟糕的是,汉娜的现任丈夫爱上了三姐妹中最小的李。但在经历了动荡的一年后,家庭关系得到了修复,一切都恢复了正常。而霍莉嫁给了汉娜的前夫,也没有人反对。

小说、电影和电视剧中充斥着姐妹争夺男人并努力在他们心中占据一席之地的故事。但其实,在现实生活中,如果一对姐妹各是彼此的情敌的话,则会更为戏剧性。

名人姐妹:情敌 or 盟友?

名人姐妹间的竞争可以追溯到她们的童年。20世纪40年代的著名女演员琼·芳登(Joan Fontaine)和奥利维亚·德·哈维兰(Olivia de Havilland)就一个例子。她们的母亲一会儿偏爱姐姐,一会儿又偏爱妹妹,这一摇摆的态度让姐妹俩从小就开始互相竞争。

后来,当她们都喜欢上了同一个男人,亿万富翁霍华德·休斯(Howard Hughes)时,她们之间的竞争就变得愈发激烈。但也是因为电影,她们才开始变得更加厌恶对方:两姐妹因为争夺《乱世佳人》(Gone with the Wind)中的角色而发生了激烈的争执。最终这一角色由奥利维亚·德·哈维兰获得,而她也因此赢得了奥斯卡最佳女配角奖。

三年后,当两姐妹都获得了奥斯卡最佳女主角提名时,则是琼·芳登赢得了奖杯。当奥利维亚上前祝贺时,她却被琼·芳登推开了。这场姐妹间的战争,没有怜悯,也从不休战。

至于美国前第一夫人杰奎琳·肯尼迪（Jackie Kennedy）和她的妹妹李·拉齐威尔（Lee Radziwill），她们之间的关系是激情、嫉妒和竞争的混合体。两姐妹相差四岁，对于杰奎琳来说，她的命运似乎已经注定：她一定会十分富有且有权有势。她很喜欢妹妹李，只要妹妹低调点就什么都好说。但李呢？

李为姐姐杰奎琳的成功感到高兴，她喜欢看到姐姐在公务旅行中受到成千上万人的欢呼。她表面上看似并不嫉妒，实际上并不完全是这样。杰奎琳的生活并不像表面那么光鲜。她既没有自由，也感受不到丈夫的温柔。这两个话题她们已经讨论过很多次了。杰奎琳疯狂地爱着她的丈夫，他却在背后欺骗她。李会想用自己的生活去换取她姐姐的生活吗？不，不是她的生活。李真正想要的，是成为她姐姐那样的人！

甚至在孩提时代，李就梦想成为杰奎琳了。当她担心自己超重时，杰奎琳告诉她，吸烟就能减肥，因此李在青少年时期就因为长期大量吸烟患上了厌食症。

当李嫁给拉齐威尔王子并成为王妃时，她以为自己会击败姐姐。但不到两年，杰奎琳就成了美国第一夫人，世界上最有权势的人的妻子，李只能对她俯首称臣。无论李做什么，她都无法与

第 3 章 家庭内部竞争

她的姐姐相提并论。1962 年,李与亿万富翁亚里士多德·奥纳西斯(Aristotle Onassis)发生了婚外情。第二年,美国前总统肯尼迪遇刺身亡,杰奎琳深陷悲痛,而李则迅速飞到了她的身边。奥纳西斯也去看望了她。

四年后,当这位亿万富翁邀请杰奎琳去他的希腊小岛时,李意识到发生了什么。她的姐姐恳求她说:"我需要这个,李。"李就这样退出了这场斗争,却也始终明白,无论是在爱情还是金钱方面,姐姐杰奎琳永远都领先她一步。在杰奎琳从奥纳西斯那里继承的 2 500 万美元中,李反而一分钱也没得到。杰奎琳在她的遗嘱中写道:"我没有留下一分财产给我的妹妹李·拉齐威尔,因为在我有生之年,我已经把一切都给了她。"

就像钻石一样,姐妹间的竞争和嫉妒总是永久留存的。

幸运的是,在名门望族中,姐妹间的相处也可以是十分和睦的。尽管和睦并不像争斗那样引人注目,但我们应该多多赞赏这样的相处方式。例如,法国女演员亚历山德拉·拉米(Alexandra Lamy)和奥黛丽·拉米(Audrey Lamy)是一对亲姐妹,她们一直强调彼此之间的密切合作,也强调她们间的默契。因此,她们的姐妹关系不仅亲密,还充满了理解和支持。

同样,安妮·贝雷斯特(Anne Berest)和克莱尔·贝雷斯特(Claire Berest)两姐妹则共同创作了一本名为《加布里埃尔》(Gabriële)的小说。这本书讲述她们曾祖母加布里埃尔·巴菲特 –

皮卡比亚[①]（Gabriële Buffet-Picabia）的故事，她们也因此在文学界共获成功。当她们还是小女孩时，安妮就总是带头并指挥一切。她扮演老师或图书管理员的角色。小妹妹则满足于扮演学生或助手的角色。克莱尔记得那时的角色分配，还有她当时对姐姐的钦佩之情："安妮太酷了，如此自由，又如此高效。就好像没有什么是她做不到的。"姐妹关系变得更加平衡了。共同写作的协议很简单。一个人开始，另一个接着写。没有嫉妒，没有权力斗争。克莱尔解释说："我们不会拐弯抹角。有时，一个人会说：'这句话应该删掉。'而另一个则回答：'但是，这可是你写的呢！'"

在她们的作品《明信片》（*La Carte Postale*）中，克莱尔写给安妮："我想我们都经历过争吵、背叛和误解。但一个人的成功并不会威胁到另一个人……幸福的秘密就在于此。"

母女之间

母亲与女儿之间的关系，起初充满了满足感，而后则逐渐变得空洞。这或许是许多母亲难以释怀的地方，分娩时那种与肉体的分离，似乎不断剥夺着她们的一部分自我。女儿的成长迫使母

[①] 加布里埃尔·巴菲特–皮卡比亚可能是达达运动（兴起于"一战"期间的艺术运动）中被引用最多的见证人，但她却是被研究得最少的人之一。她的名字最常出现在书籍的脚注中，旁边还引用了她对达达运动中富有魅力的男性领袖的详细评论。

第 3 章 家庭内部竞争

亲放弃某种全能感,即便她们在母性之外的领域获得了成长,她们也失去了社会所珍视的"母性价值"。正如爱尔兰作家埃德娜·奥布莱恩(Edna O'Brien)所描述的那样:

> 天气转凉,她们回到家中,秧鸡的叫声穿越田野,越过湖面,飞向高山的蓝色云层。这叫声带有夜晚的孤独之感,似乎在诉说着母亲们孤独的夜晚。她们说,我们哭泣不是我们的错,而是大自然的错,是它让我们先是充实,后是空虚。这就是母亲的愤怒,母亲的哭泣,母亲的悲叹,一直持续到最后一刻,直到最后一抹蓝色消散,直到蚂蚁、黄昏和凡人的尘埃消逝。

如果说女性间的竞争已是一种社会禁忌,那么母亲对女儿的嫉妒就是禁忌中的禁忌。然而,对许多心理学家来说,这是一个不争的事实:看着自己的孩子长大成人,母亲怎能不对时间的流逝以及孩子对她们的生命和身体造成的影响产生强烈的感触呢?

通常,母亲与女儿的竞争表现得微妙且隐蔽,这令女儿产生了模糊和困惑的感觉,因为她们很难想象母亲会不站在她们这一边。同时,她们也清楚自己是被爱着的。母亲可能会羡慕女儿在外貌、学业、事业等方面有所作为。但有时,母亲们甚至会无意中打击女儿的积极性,从而让女儿产生自我怀疑和情感创伤。

因此，识别这种有害的亲子动态是非常必要的。有些女性会与女儿共享衣橱，但这种行为有时也会令人不安。20 岁的学生罗斯分享了她的经历：

"我以前经常偷穿我妈妈的毛衣、大衣，偷用她的包。她有时会抱怨几句，但我能感受到她内心的自豪。去年，她想试穿我生日时买的皮裤，但穿不下，尽管她已经很苗条了。我妈妈变得非常生气，就开始冲我说了些难听的话，比如：'这太不公平了，你吃多少都不胖。你是吃完饭都会催吐吗？'如果这话是从一个朋友那里说出来，我或许可以接受，但妈妈却拿她自己和我比较，我真的很震惊，花了很长时间才消化这些话。她后来道歉，说那是激素作祟，但这明显破坏了我们的关系。我意识到我必须和她保持一定距离，才能活出自己的人生。由于经济原因，我现在还不能搬出去住，但我已经不再和她分享我的私生活。我爱她，也尊敬她，但她必须明白，她是我的母亲，不是我的朋友。"

在由戴维·弗恩基诺斯（David Foenkinos）和斯蒂芬·弗恩基诺斯（Stéphane Foenkinos）执导的电影《嫉妒》（*Jalouse*）中，卡琳·维阿尔（Karine Viard）饰演的母亲疯狂嫉妒 18 岁女儿，甚至试图破坏女儿的恋爱。电影的基调虽令人不悦，却揭示了现实生活中十分常见的问题。女儿长大成人后，母亲往往会对其产生敌意，似乎只能有一个成年女性能占据她们所处的这片领地。随着女儿的成长，母亲似乎被推到了一边，女儿的青春和魅力仿佛是在告诉母亲，是时候给她让路了。

儿科医生阿尔多·纳乌里认为，有些母亲更希望女儿而不是儿子成为自己的复制品，因为他们的性别不同，不属于她们的目标群体。

母亲与女儿之间的关系是多种多样的。母女关系和夫妻关系有些类似，她们在排斥外界干扰的情况下形成了紧密的融合。然而，随着女儿的成长，女儿在认同母亲的过程中，必须逐渐与母亲独立开来，以建立自己独特的身份。

这种分离既包括身体上的独立，也包括识别自己的欲望，并能独立探索自己的身体，而不必将母亲作为唯一的参照。要实现这一点，母亲就不能再将女儿仅视为一个青春期的少女，她们应该明白，女儿正在成为一个独立的女性个体。

从爱慕到反抗

根据精神分析的创始人弗洛伊德的理论，儿童会经历与性有关的不同发展阶段（口腔、肛门和生殖器阶段）。如果儿童在某一阶段发展受阻，这将影响其人格的形成，并在无意识中给他留下深刻的痕迹。而这些痕迹会随着时间的流逝，在他们成年后显现出来。心理动力学心理治疗师多萝西·贝斯兰（Dorothée Besland）解释道，在弗洛伊德的时代（1856—1939 年），女性的角色主要是做温顺、忠诚、有母性的贤妻。在这样的社会文化背景下，女性的职责就是养育孩子，并与孩子建立深厚的情感和感官联系，孩子则完全依赖于母亲。母女或母子之间的界限都较为模糊。

母亲是孩子的第一个爱慕对象。在 3 至 6 岁的生殖器阶段，男孩和女孩分别经历了截然不同的俄狄浦斯情结和厄勒克特拉情结。这两种情结我们在第 2 章已经讨论过，尽管表现形式各有不同。当小女孩发现自己没有阴茎时，她可能会对母亲感到愤怒，并疏远母亲，将所有的注意力转移到父亲身上。这是"我要嫁给爸爸"的时期，小女孩成为母亲的竞争对手，并与母亲——她的认同对象——产生冲突。在这一阶段，女孩们会逐渐学习和理解：她不会嫁给父亲。之后，她会脱离父亲，回归母亲身边，认同母亲是理想的女性形象和典范。

根据这一理论，如果儿童在生殖器阶段遇到障碍，其心理情感的正常发展可能会受到阻碍。例如，与母亲的过度竞争可能导致女孩在成年后，无论是在人际关系还是职业领域，都把所有女性都视为潜在的竞争对手。

如果父亲无法在女儿的心中建立足够的权威或无法重新构建自己的位置，那么母女之间的冲突可能会变得异常激烈。这也许会导致女儿永远追求母亲的认可，仿照母亲的人生轨迹去生活，

第 3 章 家庭内部竞争

因为女儿在与母亲的冲突中始终无法真正满足自己的欲望，甚至会隐藏自己真正的渴望。

在青春期，俄狄浦斯情结与厄勒克特拉情结可能会被重新激活。女孩的身体会变得更为女性化，还会将自己的身体与日渐衰老的母亲的身体做比较。

为了建立自己的性身份和社会身份，女孩必须脱离母亲。女孩可能会反抗，可能会做出一些出格的行为，母女关系也可能会完全敌对起来。一个有志向的年轻女性在自我实现的道路上可能会产生这样的心理冲突：一方面是追求个人的自主和独立，另一方面是对母亲的爱和关怀的需求。

在童年时期，母亲的溺爱或疏离对女儿造成的损害在精神分析学中被称为"蹂躏"[①]（ravage）。

> 母女关系的动荡和破裂，女性都或多或少经历过。每一段爱情，是否都会在某个时刻或某段时间内，被占有欲和专属欲所包围？在这种情况下，无限的爱有时会转变为致命的憎恨，然后随着时间的演变，又回归到崭新的温柔之中。然而，女性与母亲之间的关系似乎有着特殊的性质，

[①] 引自《镜子、父亲、女人与疯子：拉康的精神分析世界》。事实上，母亲和女儿容易形成一种竞争关系，因为母亲嫉妒女儿身上展现的女性价值。所以，拉康选取ravage（蹂躏）这个词概括母女关系。

在这里，身体作为一种诱因，在她们之间引发着各种心理的纠结和痛苦。

作家和电影制作人往往可以自由地探索复杂的母女关系，而书籍和电影中所展现的母女关系往往是真实与虚构的结合。当我们阅读《包法利夫人》（*Madame Bovary*）中的精彩章节时，我们或许能体会到包法利夫人的百无聊赖，为查尔斯和爱玛的平凡生活而唏嘘，为爱玛的婚外情而震惊。

但我们是否思考过查尔斯和爱玛的女儿小贝尔蒂的处境？爱玛对她的女儿十分冷漠，她会推开她的女儿，把她弄伤，心里还想着："真是奇怪，这孩子怎么能这么丑！"她作为一个母亲，缺乏责任感和爱心，反倒更像一个被激情驱使的情妇。可能爱玛并不适合做母亲，她其实并没有将女儿视作竞争对手，而是将她视为一个不可能从自己肚子里生出的陌生人。

"要么是女人，要么是母亲"

在精神分析学家卡罗琳·埃利亚切夫（Caroline Eliacheff）和社会学家纳塔莉·海因里希（Nathalie Heinich）的研究中，有一类母亲"像女人多于像母亲"。尽管并非所有女性都有女儿，但她们都有母亲。女性在交谈时也经常提到自己的母亲。

在新千年伊始，女性作者们曾因她们找不到任何关于母女关系主题的研究而感到沮丧。这是因为在精神分析学研究的早期，弗洛伊德主要是从小男孩的角度解释俄狄浦斯情结的。因此，她们决定撰写一本小说，探讨文学和电影中常见的母女关系。她们在书中例举了几种类型的母亲：优秀的母亲、差劲的母亲、善妒的母亲、被轻视的母亲、皮条客式的母亲等。但最重要的是，有些母亲"像母亲多于像女人"，而有些则"像女人多于像母亲"。

每位成为母亲的女性都面临着两种人生方向的选择，这两种选择往往对应着矛盾的愿望：

◎ 要么是母亲，要么是女人；
◎ 要么是家庭的一员，要么是只属于自己的个体；
◎ 要么是依附的，要么是独立的；
◎ 要么是庄严不可侵犯的，要么是令人心驰神往的；
◎ 要么是奉献给他人的，要么是致力于实现个人的人生目标的；
◎ 要么是注重繁殖力的，要么是注重创造力的。

这两种模式可以在同一个人、同一个身份、同一个躯体中共存。难道我们真的就必须要在成为一个母亲或者是成为一个女人之间做选择吗？在这两个极端之间，有些人处于中间位置，或者根据生命的阶段调整自己的位置。但许多人发现自己无论是否愿意，都倾向于一边，要么是"像母亲多于像女人"，要么是"像女人多于像母亲"。

《包法利夫人》中的爱玛像女人多于像母亲，她的女儿一直没有得到母爱的关怀，因此受尽了苦楚。"像母亲多于像女人"的女性通常极具母性，甚至到了令人窒息的程度。

埃利亚切夫和海因里希以电影《小美人》（*Bellissima*）为例分析道，片中的女主角玛达莱娜将自己的电影梦和荣耀寄托在女儿身上，而父亲则处在被边缘化的位置上。在母女关系极为亲密的情况下，母亲可能会将父亲（或类似父亲的对象）排除在外。但对于女儿而言，有一个与母亲相异的榜样是非常重要的。缺失这种榜样可能会给女儿造成严重的负面影响。

面对母亲的过度关爱，女儿往往难以理解自己身上发生的变化。因为她怎么能对被爱表示不满？**如果我们不再赋予"爱"全然积极的含义，我们就能认识到，被这个词所包含的各种关系形式可能既是破坏性的，也是建设性的。**我们通常认为女孩会根据父亲的形象选择伴侣，但我们忽略了她们也会基于母亲的形象来选择。女儿与母亲相处的好坏与她们之间的关系密切相关。母爱会带来成功，也会带来失败。

50岁的人力资源经理奥菲莉的经历值得一提，她仍然记得母亲关于嫉妒的心病。她回忆道：

第 3 章 家庭内部竞争

"我 15 岁那年似乎一切都改变了。我用自己赚来的钱染了金发。这是否象征着我和母亲之间敌对关系的开始？我永远不会知道。但从那时起，她对我的态度就变了，变得更加挑剔，也更加疏远我。虽然我们之间本来就不亲密，但从那时起我觉得她不再站在我这边了。这种割离来得很突然，而且非常激烈。青春期刚开始时，我更像一个'假小子'，后来我不顾母亲的劝阻，想留长头发，这是我的第一次叛逆。当我赢得这场战斗后，15 岁的我开始想打耳洞。母亲却认为这是对身体的亵渎。然后，我不顾她的权威，大胆地漂白了我的栗色头发。这被母亲视为我向她宣战。虽然我还没有完全意识到，但这一举动标志着我进入了女人的领域：我的身体和外表都开始发生变化，这一切对我母亲来说都发生得太快了，特别是多年来，我都以短发、牛仔裤和运动鞋示人。我现在比她高，看起来更像我的父亲，高大而苗条。这也与我离开寄宿女校的时间相吻合，因为在寄宿女校，我必须得穿校服。升学后，我去了一所男女混合的学校，在那里我接触到了男孩，也发现了一种新的生活方式，我可以穿自己喜欢的衣服，留长发，用黑色眼线笔勾勒眼睛。"

"我越是成长，母亲就对我就越发冷漠。我后来才明白，这是她缺乏自信的写照，是她讨厌自己的曲线的写照，是她在短暂尝试了不适合自己的金发后终于接受了自己棕色短发的写照。她从未称赞过我身上的女性气质,还会因此故意玷污和诋毁我。家里只能有一个'女人'。她曾试图缓和我们之间的关系,但是这反而让我们更疏远了。因为我意识到她这么做其实是想控制我、窥探我的隐私,而我当时正努力接受自己所经历的变化。"

"面对母亲令人讨厌的态度,我深感孤独和困惑,还引发了许多冲突。我不明白为什么母亲会变成这样,我无法将她视为一个敌人,更不能理解她对我的外貌产生的轻蔑,我不知道我错在何处。她不断地操纵父亲,试图将他推向与我对立的一方,而我成了一个满是问题的女儿。我一直觉得很困惑,不明白为什么她希望我离开。"

"尽管我在学业上表现出色,成绩优秀,但从我15岁到上大学,她都一直在批评我,而且很多批评都涉及我的外貌,还夹杂着性方面的暗示。她暗示我未来会过得很糟糕,宣称我正走向肆意放纵的性生活,尽管我已经和同一个男朋友交往了好几年。我觉得她刻意地避开我,不愿与我交流,是因为我的变化让她觉得受不了。我的身材将我们的距离狠狠拉开了,她不仅不满意自己的身材,还无法接受我拥有着她认为的理想身材。我很早就体会到痛苦的滋味,就是我与母亲关系的变化带来的。"

第 3 章　家庭内部竞争

"她的嫉妒波及了我的职业发展，她不再对我的成功抱有任何期待，对我的学业也不再感兴趣，还试图控制我的社交生活和着装打扮。这种冲突变得特别尖锐，以至于我不得不做出离开的决定，我害怕矛盾摧毁我们的母女关系。我的父亲也受到了这种"影响"，他甚至写信告诉我，说我不再是他的女儿了。那封信成为压死骆驼的最后一根稻草，我决定离家出走。"

"我决定离开家，独立生活。还好我得到了我的奶奶的支持。那已经是很久之后的事情了。不过，离开家后我逐渐认识到，母亲只是在复制她亲生母亲与她的相处模式。无论是在身体上还是智力上，她的母亲也曾经贬低她的女性价值。正是在 19 岁那年，她也做出了离家出走的决定。"

"为了继续维持母女关系，我必须与母亲保持距离。"玛格丽特·杜拉斯（Marguerite Duras）在她的小说中深入探讨了她与母亲之间的复杂关系。如她在《抵挡太平洋的堤坝》（*Un barrage contre le Pacifique*）一书所写，这才是最重要的：首先，你必须摆脱母亲的控制。"

在她的另一本书《情人》（*L'Amant*）中，一个男人闯入了女儿的生活，终结了母亲的权力。杜拉斯的弟弟去世后，她真正地与母亲分开了："弟弟得了支气管肺炎，心脏受不了，三天后就去世了。就在那时，我离开了母亲……那天一切都结束了……随着弟弟的死，母亲在我心中也随之逝去。就像我的哥哥一样。我无法克服他们带给我的恐惧。"写下这些话的时候，杜拉斯也完成了她与母亲最后的告别。

娜塔莎·阿帕纳（Nathacha Appanah）在她的小说《安娜的婚礼》（*La Noce d'Anna*）中，以细腻的笔触总结了母女关系中的黑暗面，读来让人心碎。她写道：

"我一生都在害怕我的女儿，害怕不知道如何抚养她，害怕她整天对我大喊大叫，害怕她和我太不一样，害怕她太像我，害怕她太过于自我，害怕她让人失望，害怕她不懂爱，我不再知道如何去爱，害怕我不再被爱。我想，如果有一天要我总结我的母爱，我一定会用这种感觉来概括：恐惧。责任如此沉重，生命就在你的手中。当你经历分娩时，你是否曾深刻地感悟到这一点？你是否明白她是你伴随着成功、失败以及错失的机会所带来的生命？我们的生命带来了另一条生命，并觉得我们能给的远远不够。"

那么，女性该如何成为一个女孩的母亲并在这一角色中顺利"存活"下来？

◎ 决定要一个孩子，怀上并生下这个孩子，甚至在孩子第一次哭泣之前就满怀期望。知道自己将成为一个女孩的母亲后，对自己说：这是多么美妙的冒险。

◎ 成为一个与自己有相同性别的人的母亲。

◎ 大多数时候拥有一个女儿会让你感觉很不错，但也要接受那些糟心时刻。

◎ 有人说"女孩更亲近母亲"，但也有人说"女孩与母亲之间更容易产生竞争"。我们听到的说法很多，但其实没有一个是绝对正确的。

作为女儿的母亲，以下是你在和女儿的相处中应避免使用的5种方式。

1."最好的朋友"：强烈不建议母亲使用这种常见的方法，我们已经很清楚地知道使用它的后果。不要分享男人或丁字裤。避免说"我的女儿是我的闺蜜"。你的存在早于你的女儿，你的朋友应该在别处。要知道，你的孩子，无论如何都没有义务和你分享一切。

2."她永远是我的宝贝":不,她不会是的。那个 3.234 公斤,身高 50 厘米的小宝宝已经长大了。她现在上了大学,甚至有了男朋友。让她自由成长,你也会感到更轻松。

3."我不在乎":从你的女儿 12 岁开始就让她做自己想做的事情,我自己其实并不推荐这种方法。孩子,尤其是女孩,需要了解一些基本的原则,需要一个能伴她左右的母亲,需要一个能鼓励她的榜样。你可以是这种榜样,或者努力成为这种榜样。

4."问你爸爸":虽然这种方法在孩子 3 岁想要糖果的时候很管用,但等到女孩 12 岁,想要与你讨论月经、卫生棉条和性的时候,这种方法就不可取了。作为女孩的母亲还意味着你有责任向她解释和与她讨论身为女性意味着什么。

5."你永远都比不上我":这种方法绝对禁止使用。你需要传达给女儿的信息是"你会成功的,你是冠军,你聪明、幽默、漂亮"。如果她说"但我永远比不上你",你就告诉她,她比你强多了。

当女儿成了施虐者

关于那些毒舌、胡思乱想、善妒、在孩子的成长过程中缺席的母亲，我们可以无休无止地讨论下去。但我们也要知道，生活中也有不少女儿忘恩负义、母亲倾力奉献却备受虐待的情况。阿曼达·斯特斯（Amanda Sthers）的《无声告白》（*Lettre d'amour sans le dire*）中就讲述了一个这样的故事。

爱丽丝是一位被生活所折磨的单亲妈妈。48岁的她曾是一名语文老师，唯一的愿望就是让女儿幸福。应女儿的要求，爱丽丝来到巴黎生活，此时她的女儿正在待产，即将成为一名母亲。女儿对这位平凡的母亲感到不满，认为她比不上自己的丈夫和公婆，这伤害了爱丽丝："我的女儿现在似乎只知道各种商品的价格，却忘记了最重要的东西。"像爱丽丝这样默默付出的母亲比比皆是，她们牺牲了自己一切，只为孩子能拥有比自己更好的生活。

母亲们本不应该牺牲自我，否则有一天醒来可能会发现，自己的牺牲早已让她无法承受……

"所有美好的童年回忆都涌上心头。我即将成为祖母，这种复杂的喜悦充斥着我的内心，它像糖浆一样填满我的口腔，我感到害怕和不知所措。我感到愤怒，感到恶心。我想知道，我那从未敢开始的生活去了哪里。我还有一张坐旋转木马的票，但它转了又转，我却没有上去；然后夜幕降临，旋转木马慢了下来，公园关闭了，我只好放弃了。"

继母女、婆媳之间

从恶人到"母亲"

说到继母,我们就会想到争吵。在父亲的心中,继母显然会取代母亲的位置,那么女儿如何在不感到背叛的情况下与继母建立情感联系呢?这完全取决于具体情况。

如果父母的分手是痛苦的,他们的离婚是动荡的,如果继母曾经是父亲的情人,然后成为他的妻子,那么这些小小的刺会扎进继女们的心中,她们就会把继母视为敌人。尽管如此,女孩们有时却能与继母和平相处,甚至相互关心。她们会接受并忍受这种局面,因为她们知道父亲是幸福的。只要她的母亲没有意见,继母和善,某种和谐就会继续存在。

从继母的角度来看,她与继女之间的竞争可能更加明显。48岁的索尼娅是一名室内设计师,她与我们分享了以下经历:

> "十年前,当我遇到菲尔时,我们都刚刚离婚。我有一个儿子,他有一个女儿,我们甚至没有考虑再生一个孩子。生活中各种烦心事儿已经够多了,我们选择共同照顾两个孩子,一起应对他们的青春期给我们带来的挑战。我们只想好好珍惜这段来之不易的第二次恋爱。"

> "我们的孩子相差一岁,他们一见面就相处得很好,

第 3 章　家庭内部竞争

这非常令人高兴。我们搬到一起时，我的儿子 14 岁，我的继女 15 岁。我很不好意思地承认，我很快就把我的伴侣的女儿视为竞争对手。因为她在我面前扮演着模范女儿的角色，却背地里试图破坏我与她父亲的关系。她声称没有收到我给她发的信息，偷偷地把我的干净衣服放进洗衣机，经常偷我的钱，批评我的烹饪和饮食习惯，还曲解我的话，还向她的父亲抱怨……而她的父亲总是站在她这个小公主一边，这让我感到愤怒，并最终导致了我和她的父亲分手。"

"两年来，我一直试图对这个小伪君子的行为视而不见。后来有一天，她在学校里闯了大祸，差点被开除。我截获了一封要求她父母来学校的信，并告诉了她。她当时哭得泪流满面。我陪她一起去了学校。离开学校时，继女对我表示感谢，并为她不良的态度向我道歉。她意识到我不是她的敌人，一夜之间停止了她的阴谋和微不足道的抱怨。她的父亲对此一无所知。但我们之间的这个秘密结束了我们之间的竞争，这让我感到安心。"

继父母和继子女之间的关系是进化心理学特别关注的问题。1973 年，一项关于继父母与受虐待儿童之间关系的理论为一种被称为"灰姑娘效应"（l'effet Cendrillon）的现象正名。根据婴儿被殴打致死的案例，精神病学家 P.D. 斯科特（P.D.Scott）指出，儿童更经常地成为继父母,而不是其亲生父母的受害者。

根据进化论中对动物社会行为的研究说明了为什么大多数父母在照顾和爱护亲生子女和继子女时会有所区别,更具体地说,会偏向自己的后代。无论是依恋关系的缺失,还是缺乏对孩子的经济支持,这些情况都将灰姑娘效应的焦点指向了继父母。

然而,并非所有继母都是恶的。社会正在发生变化,长期的婚姻关系已经成为少数。因此,女孩们必须学会应对新的家庭结构和人际关系。

婆媳关系:被间接对立的女性

婆婆作为丈夫的母亲,与儿媳妇的关系往往十分复杂且极易发生冲突。婆婆的名声通常众所周知,而人们很少关注公公的形象。

历史学家雅尼克·里帕(Yannick Ripa)的一项研究让我们开始重新审视婆婆这一形象,这对于改善婆媳关系,减少几个世纪以来的刻板印象都十分有必要。在过去,婆婆常与儿子同住一家,那时男性更倾向于采取"分而治之"的策略,间接地使女性对立。"为了夺取属于男性的一部分权力,她们作为母亲、妻子或婆婆在家庭竞争中,不得不击败另一名女性。"一方紧依着她心爱的儿子,另一方紧依着她挚爱的丈夫,每个人都在为自己的地位和权力而战。

第 3 章　家庭内部竞争

我们要追溯到很久以前，才能理解权力所带来的影响。在古代宫廷中，女性对立并不是因为她们本身的问题，也不是因为社会习俗要求婆婆虐待儿媳妇，而是与后宫的结构和权力相关。冲突关系到她们在宫廷中的政治生存，女性必须争取自己的利益并保持她的地位。到了 19 世纪，继承权不再由父亲传给儿子，而是按辈分继承，女性的竞争环境就改变了。母亲不再需要提防宠妃，而是要警惕继承人的母亲和媳妇。这时，婆婆和儿媳妇有了共同的利益，联合起来支持自己的皇子，以对抗后宫的其他女性联盟。

进入 20 世纪，核心家庭[①]的出现改变了婆婆的角色。她成了家庭中那个"不受欢迎的人"，甚至被视为家庭的经济负担。然而，对婆婆的刻板印象似乎从未改变：在人们的潜意识中，她仍然被视为那个有侵略性的、有控制欲的、对"外来成员"怀有蔑视态度的人。雅尼克·里帕认为，婆婆可能被自己的儿子视为一种威胁，因为儿子不愿意看到自己的妻子与母亲形成潜在的联盟，从而削弱他的权威。儿媳妇们有时不得不接受一场意想不到的权力斗争。

记者和作家舍巴·纳拉扬（Shoba Narayan）在她的博客上发表的专栏文章中，就深刻地分析了这一问题：

---

① 此种家庭只包括父母和子女。

"两个爱着同一个男人的女人,很难成为朋友。我说的不是婚外情或一夫多妻制,而是婆媳关系。在我生活的印度,大众对婆媳关系依然满是误解和诽谤。电视连续剧也经常渲染这一主题,人们的刻板印象也代表了一种情感陈规,这与西方对婆婆的印象是一样的。"

以下是我搜集的婆婆们的精选语录:

◎ 听着我6个月大的女儿咿呀学语,她说:"我等不及让她说奶奶和爸爸了。"
◎ "你应该注意保持你的身材:在我们家,男人总是有外遇。"
◎ "你在节食吗?我一公斤都没长……"
◎ "我儿子是我生命中最重要的男人。"
◎ "你的厨艺永远比不上我。"
◎ "在你之前有这么多好女孩,我不明白他为什么选了你。"
◎ "我孙子长得像我们这边的人。难过的是,你女儿长得像你们那边的人。"
◎ "如果我让我儿子在你和我之间做选择,你会失望的。"

"恶婆婆和坏媳妇"怪谈

很多研究者认为,婆媳之间的误解实际上是一种社会建构的产物。社会学家德博拉·梅里尔（Deborah Merill）指出，这是一个谜题："即使有些儿媳妇与婆婆相处得很融洽，她们也可能意识到这种婆媳形象中所存在的刻板印象，因此不愿公开谈论她们之间的良好关系，从而延续了'可怕婆婆'的怪谈。"

实际上，这是一种自证预言[①]，来自威斯康星大学史蒂文斯分校的研究员西尔维娅·米库基-恩亚特（Sylvia Mikucki-Enyart）在研究婆媳关系时解释道："在社会集体观念中，儿媳妇通常被认为不会喜欢她们的婆婆，婆婆在他们眼里就是麻烦的制造者。因此，她们从一开始就可能对对方持谨慎态度，一旦有什么问题，她们对待婆婆的反应也会过于敏感。"

美国心理学家马德琳·福热尔（Madeleine Fugère）认为，共同的育儿观念有助于促进婆媳关系良性发展。来自西弗吉尼亚大学和内布拉斯加-林肯大学的研究人员克里斯蒂娜·里特努尔（Christine Rittenour）和乔迪·凯拉斯（Jody Kellas）也发现，只有当儿媳妇认为她们作为母亲或妻子的角色受到挑战，或认为婆婆干涉太多并试图对家庭施加过度控制，才会出现摩擦。

生物进化领域对这种竞争有着另一种解释。荷兰格罗宁根大学的研究人员进行的一项研究指出，你的择偶标准与你的父母为你设想的择偶标准之间存在一些差异：你更可能根据对方的外貌特

[①] 一种在心理学上常见的现象，意指人会不自觉地按已知的预言来行事，最终令预言发生；也指对他人的期望会影响对方的行为，使得对方按照期望行事。

征（遗传标准）来作为择偶对象，而你的父母则更注重他的教育水平、社会阶层和生活水平等。

此外，来自埃克塞特大学的迈克尔·坎特（Michael Cant）和剑桥大学的鲁弗斯·约翰斯通（Rufus Johnstone）的研究进一步指出，更年期[①]可能是进化的结果，儿媳妇的存在也是如此。通过掌控家族的基因传承，儿媳妇终结了婆婆的生育角色，这也导致她们之间的战争永不停息。

一些更传统的文化对婆婆的刻板印象可能会有所不同。波士顿萨福克大学的研究员张毅揭示，中国妻子只与丈夫同住的比例有4%，而同时与丈夫和婆婆同住的比例有33%。东京都立大学的一项研究中发现，与婆婆关系良好的年轻母亲更少焦虑。

此外，婆婆也会欣赏儿媳妇，将她们视为知己，甚至为了改善自己与儿子之间稍有瑕疵的关系，婆婆还会向儿媳妇寻求建议。有些儿媳妇可能会把与自己母亲之间尚未解决的问题无意识地投射到婆婆身上。

> 现年32岁的弗雷德里卡在18岁时就失去了母亲，以至于她和朱利安刚结婚之后，她对婆婆的一举一动反应都非常激烈，尽管她婆婆本人其实非常可爱。
>
> 她回忆道："潜意识里，我觉得与朱利安的母亲亲近就

[①] 只影响三个物种：人类、虎鲸和领航鲸。

像是在背叛我自己的母亲一样。有一天,当我责备她对我刚出生的儿子的态度时,她非常温和地对我说:'你知道,我永远无法取代你的母亲,但我们可以试着互相欣赏。'这句话给我敲响了警钟,现在我允许自己将她视为朋友。她真的是一个伟大的女人。"

以下是 4 个帮助儿媳妇处理好婆媳关系的建议,特别是当你有个思想传统的婆婆的情况下:

1. 设立明确的界限。
2. 保持得体的行为,但不要妥协。
3. 愿意接受建议,但不要接受命令。
4. 尽量避免将伴侣牵涉进来,以免产生冲突。

请记住,做到这些是需要练习和沟通技巧的。不要妥协,保持好奇心,并坚守自己的底线。正如每个人都是独一无二的一样,你的婆婆也有她的个性和复杂性。请尽量避免将她简化成一些脸谱式的刻板形象。双方都采用宽容和理解的策略说不定会带来惊喜。

婆婆准备改善与儿媳妇的关系之前先要理解母子之间的问题和挑战。当儿子因为另一个女人而离开母亲时,母子分离可能会带来痛苦。婆婆应该接受这一现实,逐渐释怀并放手。同时,不要将儿媳妇视为竞争对手,而应尊重她们。

> 给婆婆的 4 个与儿媳妇和谐相处的建议:
>
> 1. 向儿媳妇表达赞美和欣赏之情。
> 2. 偶尔送礼物,以示关心和友好。
> 3. 可以提供建议,但不要强加于人。
> 4. 尽量避免批评,保持积极的交流。

请记住,你并不孤单,许多人都面临着类似的挑战。

第 4 章
竞争与友谊

> 莉拉的写作水平又一次让我觉得很屈辱：她能塑造那些形象，但我却不能。她没去上学，不再在图书馆借书，就已经那么厉害。当然，我很幸福，但那种幸福感同时让我觉得罪恶和悲伤。[1]
>
> 埃莱娜·费兰特，作家

为了撰写这一章，我们采访了许多不同年龄段和不同社会背景的女性。一开始，大家的回答都是一致的：友谊是生活中的乐事，尽管日常生活中有着这样或那样的不美好，但友谊仍然是必不可少的甜蜜关系。

她们对每一段友情的评价也非常积极："我们从小就在一起""我们在大学里认识的""如果没有她，我不知道该怎么办""我们无话不谈""我很崇拜她""她是我的偶像""她很善良，人也很漂亮""她知我的一切""我可以在晚上任何时候给她打电话""流水的情人，铁打的朋友"……然后谈到情敌问题的时候，有的采

---
[1] 引自 2017 年人民文学出版社《我的天才女友》第 28 章。

访对象很生气："你疯了吗？我太爱她了，我们不可能成为情敌的。"

30多岁的佐伊思考了一下，然后说："我有点不好意思承认，但有时我宁愿她没有结婚，因为我们见面的机会减少了，我对她的丈夫也没有太多好感，世事无常，当一个人结婚，另一个人保持单身时，游戏规则就变了……"

当我们探讨这种变化时，24岁的女孩赛琳娜解释说："很简单，我们从幼儿园开始就是朋友，我们同时有了第1个男朋友，同时有了第1份工作，但现在，我最好的朋友和她的情人同居了，我感觉到了背叛。"

45岁的伊莉莎说："我自己也经历过背叛。那是真正的心碎。"

背叛这个词带有极度强烈的情绪，它在采访中被多次提及，这说明女性之间的友谊往往十分深刻且热烈。从词源学的角度来看，拉丁语中代表热烈情感的词"patior"意味着"我痛苦"。**因此，在友谊中，我们相互倾慕，我们一同承受痛苦。但我们也会感到被背叛，无论何种形式的背叛，几乎都与竞争有关。**

我们是生死之交，但当我们的朋友在某些方面做得更出色，当她实现了我们所梦想的事情时，我们就会感到难以承受。如果她在你单身的时候谈了恋爱，或者她在某方面非常成功，以至于你觉得自己赶不上她，那么这种背叛感可能会更重。让我们更痛苦的是这仅仅是为了一个男人，就让这段友谊中出现了背叛。

第 4 章　竞争与友谊

女性友谊的发展

与女性友谊相关的历史一直存在，却迟迟没有进入我们的视野。弗吉尼亚·伍尔夫（Virginia Woolf）在1929年出版的《一间只属于自己的房间》（*A Room of One's Own*）中也指出，女性之间的友谊在当时并没有得到重视：

> "'克洛伊喜欢奥莉维亚，'我读道。我突然意识到，这意味着一个多么巨大的变化。在文学世界里，这也许是克洛伊第一次喜欢奥莉维亚。克莉奥佩特拉没有喜欢奥克塔维亚。克莉奥佩特拉对奥克塔维亚唯一的情感就是嫉妒。她比我高吗？她怎样打理头发？这部剧也许不打算描绘更多。但如果两个女人之间的关系更加复杂，那该多有趣啊。"[①]

作家兼历史学家玛丽莲·亚隆（Marilyn Yalom）和作家特蕾莎·多诺万·布朗（Theresa Donovan Brown）的一项研究向我们说明了女性之间的友谊是如何与过去的社会和文化运动联系在一起的。随着识字率的提高，女性开始参加文学沙龙，体验到情感交流的乐趣。在文学中，喜好同一本书意味着她们能够产生共鸣，发现彼此在历史、知识和情感上的联系。

---

① 引自天津人民出版社《一间只属于自己的房间》第5章。

但只要女性的角色被下放到私人领域,她们就没有闲暇去发展友谊,因为她们忙于照顾家庭,无暇顾及自己的需要。然而,在当今社会,得益于大量的文学和电影作品,我们对女性友谊也有了更深入的认识。我们会为埃莱娜·费兰特的《我的天才女友》中莱拉和埃莱娜之间的矛盾情谊感到痛苦。

与真正的爱情并无太大区别

从 1890 年到 1920 年,这一段时期对女性友谊的发展尤为有利,尤其是对来自新兴中产阶级的女性而言,她们参加工作后,在经济上和社会上都获得了一定的自主权。但与此同时,女性友谊也受到了压制,而这并非巧合。在女性获得受教育权和就业权的时候,她们也被鼓励优先投资于婚姻关系和家庭关系。在这种情况下,女性之间的友谊可能会被视为异端。她们所遭受的最严厉的压制是 19 世纪末对"萨福主义"[①](saphisme)的医学治疗。

男人之间的友谊是许多作品的主题。许多人都知道描述蒙田(Montaigne)和拉博·埃蒂(La Boétie)深厚友谊的名言"因为是他,因为是我",或者为《伊利亚特》中阿喀琉斯和帕特洛克罗斯之间坚固的情感纽带而动容。

---

① 从 19 世纪末开始,古希腊女抒情诗人萨福成了女同性恋的代名词,"Lesbian"(意为女同性恋者)与形容词"Sapphic"(女子的同性爱)等,均源于萨福。由此,萨福也被近现代女性主义者和女同性恋者奉为始祖。

几个世纪以来，女性对友谊有了更多的期许，而且赋予其更深厚的情感。亚隆写道，在许多方面，"真正的友谊与真正的爱情并无太大区别"。

在当今的文化中，女性之间产生友谊是自然而然的事情。传统智慧告诉我们，女性比男性更善于交际，更富有同情心，也更"友好"。但就在几个世纪前，女性之间的友谊还总是被误解，甚至被诋毁。自古希腊和古罗马以来，女性一直被认为比男性"弱小"，在生理上不适合建立最高级别的友谊。那时人们认为，只有男性才有情感和智力深度来发展和维持这种有意义的关系。

抵御竞争最强大的堡垒

毫无疑问，友谊是抵御竞争最强大的堡垒。你只要观察一下坐在咖啡馆露台上的两三个女人，或者依偎在沙发上，因为彼此而无视周围世界的女人们，你就会理解这种特殊的关系：女人之间几乎能畅所欲言，无话不谈，她们会毫无保留地分享自己的内心感受，她们在情感上相互依赖，能够花上几个小时在电话里详细讨论并传达自己的日常生活，她们也能用语言淋漓尽致地表达情感和所思所想。

亚隆和布朗认为，以下几点正是女性友谊的核心特质：

◎ 充满柔情和同理心。
◎ 勇于自我披露，分享秘密。
◎ 提供温暖、亲切的身体接触。
◎ 相互依存，互相支持。
◎ 母性的、友好的、利他的。

深厚的友情有时能创造奇迹。我们知道，如果没有玛丽亚·路易莎·德·拉古纳（María Luisa de Laguna）将墨西哥文学巨匠胡安娜·伊内斯·德·拉·克鲁兹修女[1]（Sor Juana Inés de la Cruz）介绍给宫廷，那么她的诗歌可能永远不会为人所知。罗兰夫人[2]（Madame Roland）关于法国大革命的回忆录之所以能够流传下来，也要感谢她的朋友索菲·格朗尚（Sophie Grandchamp），正是她将这些作品从监狱中偷运出来。

亚隆和布朗指出："尽管婚姻充满不确定性，但友谊仍可能为女性提供支持。女性友谊有时可以被定义为'相似的灵魂的结合'，就像《欲望都市》中的四位女性朋友所说，'也许朋友才是我们真正的灵魂伴侣，而男人只是和我们一起分享美好时光的人。'"

---

[1] 她是早期墨西哥文学的奠基者，拉美文学界最受认可的人物之一。
[2] 一般指玛莉-简·罗兰，法国大革命时期著名的政治家。

第 4 章 竞争与友谊

友情中放大的情绪和冲突

在法语词典中，友谊被定义为一种"互惠的感情或同情，不基于亲缘关系或性吸引"。最重要的是，友谊与爱情的区别在于互惠。你可以单向地爱上一个人，但要成为朋友，双方都必须参与其中。友情是一种激情吗？毫无疑问，它是一种平静的激情。

两人若要成为夫妻，双方要签订契约，而契约成立的首要条件就是排他性，夫妻之情象征着占有和忠诚。而友情则没有这样的要求。当然，嫉妒可能在其中占有一席之地，但在友情中，我们总是会尽量避免嫉妒他人。比如，当童年时期的"好朋友"去和别人玩耍时，我们可能会提出抗议，但也会学会面对这一现实。最重要的是，友谊是一种比爱情自由的结合。

因此，从表面上看，我们更应该为我们的好朋友感到高兴，并祝愿她一切顺利。那么，为什么竞争心理还是会悄然出现呢？就像所有人际关系一样，此时的你会感到自己其实只是个脆弱的人类。但作为朋友，我们是否能够避免这些无法闪躲的动荡时刻，不因一方的"成功"和另一方的"失败"而感到矛盾呢？

瓦莱丽是一位 31 岁的室内设计师，她同意向我们讲述她的"耻辱"经历。

"当我最要好的朋友玛丽亚告诉我，经过 8 个月艰苦的寻找，她终于找到了一份画廊总监的工作时，我不知道该怎么想,也不知道该如何向她解释我脑海中的想法,我的反应非常激烈……要知道,这时候,我其实也在找工作。"

"在这期间,玛丽亚还创建了一个'小小的'在线写作讲习班,以备不时之需,然后在同一天庆祝她收获了讲习班的第300名会员。太神奇了!当我拥抱着满脸笑容的玛丽亚,向她表示祝贺时,我的脑海中闪现出了许多不光彩的想法:像她这样一个组织能力如此差的女孩,怎么能得到这份工作呢?还有那双显眼的高跟鞋!说实在的,我真挺生气的。我的喉咙紧张,脸颊涨红,我意识到她的成功伤害了我。我无法为她感到高兴,我感到无能和孤独,好像她抛弃了我。但这么想是不对的。"

"客观地说,我知道她应该得到这份工作。我坐下来思考了这个问题,为什么她的成功会对我产生这样的影响?我拥有一个很好的男朋友,而且一个月后,我将拥有自己的公寓,我热爱我的工作,我是室内设计师。十多年前,玛丽亚和我是在一个室内装饰课程上认识的,从那时起我们就是朋友。我们总是不分昼夜地打电话,一聊就是几个小时,我们互相倾诉一切,这也让我的男朋友很苦恼。但后来,玛丽亚变得似乎对自己充满了自信,她变得自由而果断,奋发向前,成了赢家……她的这一改变让我非常恼火。我开始减少与她见面的次数,每当她向我诉说她的经

第 4 章　竞争与友谊

历时,我都会感到恶心。她还与一位艺术品投资商约会。在她身边,我感到自己是一个失败者。"

"我们的午餐变得草率,我找了千百个借口回避她,也不再接她的电话,除了回复两三条她用表情符号发来的笑话。相反,我开始与其他女性朋友煲电话粥,似乎是要从内心向自己证明,没有了玛丽亚,我依然可以过得很好。最终,在她的坚持下,我答应了和她一起吃晚饭。我的男朋友完全不理解,我自己也无法向他解释这个问题——甚至连我自己都不太明白。"

"吃饭的时候,我喝了半瓶酒,我告诉她,我非常欣赏她,也非常羡慕她的毅力:她一直从事纯艺术工作,没有像我一样误入歧途,从事室内装饰。虽然装饰领域非常吸引人,但我觉得自己背离了初心。我告诉她,过去我很难认清自己。但目睹她的成功让我感到痛苦和愤怒,尽管我们是朋友。听完我的讲述后,玛丽亚高兴得热泪盈眶,向我讲述了她所经历的复杂挑战,但她仍然为自己感到非常自豪。看到她如此坦诚,我感觉我们的友谊上升到了一个全新的维度。在那次不愉快但有益的交流之后,我开始关注自己的问题,我意识到她的成功并不意味着我的失败。"

"我不再害怕她所取得的成就,最重要的是,我不再那么痛苦了。玛丽亚不是我的对手,而是我的挚友,她的成功让我看到了自己的不安全感和疑虑。现在，我必须直面这些问题。"

在玛丽亚的支持下，瓦莱丽对自己的职业和爱情生活进行了反思。她们的友情经受住了这场可能会对两人都造成很大伤害的竞争。她们对彼此的坦诚战胜了尴尬和羞愧。尽管社会变革为女性的私人生活和职业生活开辟了广阔的天地，赋予了她们新的社会地位，但并没有根除造成竞争和嫉妒的恶魔。

相反，竞争的动机依然存在。对男人的征服欲和身材焦虑并没有消失。苗条依然是一种社会标志。一方面，女性通常会分享彼此的痛苦并产生共鸣。另一方面，当"某一方的成功"闯入一段友谊时，女性可能会被一种混杂着羡慕、嫉妒、恨的情绪所笼罩，但无法言明。

强烈的情感会使她们感到疑惑，并导致她们的情感变得混乱。瓦莱丽羡慕玛丽亚的新工作，因为这代表着一个她一直未能实现的梦想。这份工作实实在在存在，几乎就在她手边，而这让她更加难以承受。仿佛玛丽亚在某种程度上夺走了属于她的机会。

女性之间的小心思在友情中可能会被放大十倍。在这个过程中，朋友会显得咄咄逼人，而你则选择保持沉默，忍受着她的刻薄，仿佛我的成功时刻成了我出丑的一幕。她似乎明白如何触碰你的神经，将你的内心推向不安，并点燃毁灭性的情感火焰。

第 4 章 竞争与友谊

友谊中的"母女"角色

在探讨母女关系如何影响成年女性的友谊时,我们不可避免地发现,母女之间的紧张关系与最初的母女依恋有着惊人的相似之处。在下文中,我们将更深入地探讨女儿与母亲的权威之间的关系。

母女关系的早期形态通常伴随着模糊的依恋特征,因为"女儿"这个身份的建构是通过与他人的联系而实现的。然而,当女儿渴望获得自主性、身份认同和自我认知,并试图摆脱这种模糊的依恋时,事情就开始变得复杂。

最初与母亲建立的幸福关系,正是我们成年后与其他女性建立友谊时所追求的。然而,母女关系中存在着更为复杂的冲突性因素,这些因素可能会让成年女性间的关系变得紧张且富有竞争性。精神分析学家路易斯·艾森鲍姆(Luise Eichenbaum)和苏西·奥尔巴赫(Susie Orbach)指出,母女关系中的这两个方面,即融合与分离,常在女性友谊中得以体现,尤其是以嫉妒和竞争的形式体现出来。

一旦女儿摆脱了融合模式,她可能会在潜意识中感受到独立的危险和陌生。在女儿的内心深处,对自主性的渴望和对失去与母亲亲密联结的恐惧总是会交织在一起。

弥补母女间的缺失

母女关系的质量也会对女性友谊产生影响。母女关系可以是养分，也可能令我们感到失望和沮丧，进而使我们留下情感上的空缺，正如这句话所描述的那样："我们知道，许多女性会不自觉地将对母女关系中的期望和限制转移到其他女性身上……"由于缺乏自信，女性常常会试图在友谊中填补这种情感上的空缺，避免谈论她们的竞争心理。就像瓦莱丽所经历的，她宁愿与朋友疏远，也不愿冒着伤害朋友的风险，坦诚地讨论自己的感受。嫉妒是一种难以克制的情感。那么，我们如何能将"独立的依恋和自主的联结"纳入我们的实践之中呢？

当苏西·奥尔巴赫和路易斯·艾森鲍姆将注意力转向女性和女性友谊这一主题时，她们试图深入探讨女性友谊的内在联系。她们是伦敦妇女治疗中心和纽约心理治疗师培训学院的同事、合作伙伴和创始人。她们已经通过这些机构与成千上万的女性进行了交流，也深入了解了女性关系的动态变化。

通过她们的著作和经验，我们可以看到女性友谊在20世纪70年代所取得的进展，那是一个女性团结一致，为争取更大平等权利而奋斗的十年。她们见证了"姐妹情谊"的曙光，捍卫了"不为男人，为自己而战"的信念。在这个过程中，竞争失去了意义，女性们团结在一起，共同面对挑战。得益于这些行动，年轻的女性主义继承者们更加坚定地明确了女性友谊在人际关系中的地位。

当莉萨以她独特的方式影响周遭的氛围时,汉娜感到一股不可抗拒的力量,仿佛她们初次相遇时的感觉重新涌上心头。

莉萨一直都充满勇气,而现在汉娜感到她与莉萨正在逐渐地靠近彼此,她们以一种饱含激情的方式再次相聚了。莉萨,你必须坚守这份友谊。要知道,你的同类,女人,是最后能够拯救你的人[①]。

女性友谊与男性友谊

家庭对男性更重要,朋友对女性更重要?

来自伦敦大学流行病学和公共卫生系的一项研究指出,婚姻对男性的心理健康有益,但对女性的心理健康则不利,因为婚姻占用了她们与朋友相处的时间。**对女性来说,与朋友相聚有助于减轻压力,释放镇静激素催产素。**

研究人员对 6 500 名于 1958 年后出生的英国人进行了调查,这些研究表明,对于中年人来说,拥有一张友好的社交关系网是内心幸福感的来源之一,而其中家庭关系网良好与否更易影响男性的幸福感。请注意,调查中影响这些关系网的因素不包括教育、物质状况和以往的心理健康状况。

---

① 出自《失望的总和》(*Expectation*)。

《海蒂性学报告：情爱篇》(Women and Love)作者、散文家和性学家雪儿·海蒂（Shere Hite）写道，女性的友谊如此重要，"那是因为通过友谊，女性可以发现自己是谁，以及自己想成为什么样的人"。只要关系中的条件是相互的，这份默契让人受益，友谊就能塑造和改变我们，推动我们成为更好的人。如果其中一方破坏了这份默契，友谊就会随之受到威胁。

玛丽和露西自中学时代起就保持着亲密的友情。中学时，玛丽与她未来的丈夫相遇，他们进入了同一所中学的预科班学习。之后，玛丽和露西选择了不同的求学道路，玛丽攻读医学，露西则专攻艺术。随着时间的推移，玛丽成了一名母亲，而露西自然而然当了孩子们的干妈。

这似乎是一段理想中的友情，玛丽一度认为这段关系将永恒不变地持续下去：她是一名护士，已婚并育有三个孩子；而露西，这个略带波希米亚风格的画家，则会一直单身下去，周末她还会和她们一起度过，偶尔会帮她照看孩子。乍一看，一切都很完美。

> 露西，现年46岁，是一名画家。她分享道："就在我40岁生日前夕，我邂逅了一个特别的人，后来我们有了一对双胞胎。当然，玛丽为我感到高兴，她的丈夫和我的伴侣也相处得很好。我开始更加专注于工作，并在事业上取得了一些小小的成功，而我的伴侣开始做生意，经济状况

第 4 章 竞争与友谊

也大有改善。我们搬进了一套宽敞的公寓。我想，也正是从那时起，我和玛丽之间的关系开始出现了问题。她开玩笑地嘲笑我这个公寓'你家就几口人，要不了这么大的房子'，还嘲笑我的孩子'高龄生娃的家庭容易把孩子惯坏'，这些话深深地伤害了我，我向她表达了我的感受。她回应说我在胡思乱想，说我需要冷静下来后再和她联系，而这也成为压垮我们的关系的最后一根稻草。"

"我们几乎有一年时间没有说过话。后来有一次，我从一个共同的朋友那里得知我的干女儿做了一个小手术，于是我给她打电话，询问她的情况。我们就像以前一样重新开始交流。第二周，我们与几个朋友一起出去吃饭。我轻声告诉她：'我很难受，你知道吗？我真的很想你。'她捏了捏我的胳膊，回答说：'没有，是我更想你，你知道我爱你。'就这样，那段动荡的时光结束了，从那时起，我们的生活又恢复了宁静与蓝天白云。"

玛丽声称露西变了。如果真是这样，造成这种变化的不仅仅是社会地位的转变，更是俩人关系的动态转变：露西取代了她的好友玛丽，成了那个拥有令人羡慕的地位的人。因此，玛丽在某种程度上感觉被落下了，实际上，她是在埋怨朋友没有按照她预设的方式行事。

— 137 —

催产素：与女性交谈更能缓解压力

堪萨斯大学传播学教授杰弗里·霍尔（Jeffrey Hall）进行了一项研究，一共有 8 825 名男性和女性参与。该研究旨在探索男性和女性对不同类型的友谊的需求。研究结果表明，女性倾向于追求亲密、真诚、团结和忠诚的友谊，而男性更倾向于与社会地位高、实力强的朋友相处。相对于亲密的关系，男性通常对和朋友之间的共同活动更感兴趣。而且男性对待彼此更多的是面对面，而女性往往是肩并肩。

在 2000 年，加州大学洛杉矶分校的生物行为健康学教授劳拉·库西诺·克莱因（Laura Cousino Klein）和心理学教授雪莉·泰勒（Shelley Taylor）发表了一项研究，揭示了女性友谊的多个优点，以及它们是如何帮助女性应对压力的。男性在面临压力时会有两种主要反应：战斗或逃跑，这是一种自古以来的生存机制，当时，人类需要用这种方法保护自己，以免受大型野兽的攻击。女性的压力应对方式则更多样化，对她们而言，与朋友倾诉情感、分享和交流思想有助于她们应对压力。克莱因博士解释说：

> 女性研究人员在面临极大压力时，会聚集在工作场所，相互倾诉、支持，甚至一起整理实验室，然后坐下来喝杯咖啡，分享彼此的经验。而相比之下，男性研究人员则更可能选择将自己隔离起来。有一天，我向同事雪莉·泰勒

指出，几乎 90% 的压力研究只有男性受试者。然后我向她展示了我在实验室的观察成果，我们立即意识到这个领域是十分值得探索的。

研究还表明，催产素是一种在面临压力时释放的激素，它能够鼓励女性团结在一起，照顾孩子，并产生一定程度的镇静作用。与此不同的是，男性的睾酮水平升高会减弱催产素的镇静作用。

此外，友情还可以提高我们的免疫力和控制血压，延长我们的寿命，而没有朋友则会像吸烟或超重一样危害我们的健康。我们通过模仿来调整社交行为，因此，如果我们身边的人戒烟，我们也有 34% 的概率会模仿他们。蒙特利尔大学心理学系教授罗克珊·德·拉·萨布隆尼耶尔（Roxane de La Sablonnière）认为，社会规范不仅规范我们在社会中的行为，也规范我们在小团体中的行为。快乐是具有传染性的，所以要追求快乐，就需要拥有能让你快乐的朋友。与友情相关的数据：

◎ 患乳腺癌的女性如果有 10 个或 10 个以上的亲密朋友，其患病风险会降低 400%。
◎ 拥有快乐的朋友能将我们的情绪良好度提升 9%。不快乐的朋友呢？他们会使我们的情绪良好度降低 7%，因为情绪在社交中具有传染性。

◎ 如果朋友肥胖，那我们肥胖的概率也会增加 57%。同样地，如果我们的伴侣变胖，我们变胖的风险也会增加 37%。

女性之间的沉默与攻击

女性之间的友谊会带你进入一段引人入胜、富有益处且令人身心愉悦的旅程。这种友谊为我们提供了丰富而复杂的体验。然而，正如任何人类的旅程一样，群体的力量不容小觑。

为了维护自身地位，群体通常需要找到共同的"敌人"，这就会导致群体中的一些成员被排斥和孤立。桑德拉曾经拥有一份亲密而坚固的友谊，但这份友谊的破裂激烈且让人心碎，因为她成了群体的牺牲品。

多年后，现年 43 岁的女销售员桑德拉回忆道："在大学时，我和斯特凡妮成了朋友。我们在许多方面都非常相似：家庭背景、社会背景，我们两家只隔了 200 米。我们的友情不仅限于校园，我们还会一起度假。只是我的第一外语是德语，她的是英语。斯特凡妮在班级里还有两个朋友，贾丝廷和克莱尔。贾丝廷住得很远，为了能顺利入学，她只能被调剂成俄语。每次休息和午餐时间，我们四个都在一起。"

第4章 竞争与友谊

"我想，贾丝廷可能会对我和斯特凡妮之间特殊的友情感到嫉妒。我记得有一天，我们四个人正要离开学校，贾丝廷突然看着我说：'我们决定把你排除我们的小团体之外，我们不想再和你在一起了。'斯特凡妮低下头，沉默。后来，我设法与斯特凡妮单独交谈——现在回想起来真是可笑，当时的我泪流满面，问她怎么什么都不说！她也哭了起来，告诉我她的父母要离婚了，我是她唯一能诉说的朋友，然后我们就再也没有交谈过，我就这么被排除在外。"

"当然，我开始自责，我觉得这是自己的问题。我试图反省我犯的错误，因为我发现自己被孤立了，无论是在食堂还是操场，人们都在议论我！这并不是一种愉快的感觉，甚至让我感到羞耻。我的父母对此却不以为然：在我父亲看来，这只是些小打小闹，迟早会过去。我妈妈也不在意，她从来都不喜欢斯特凡妮，认为既然她的父母要离婚了，那么我就没有必要再和他们交往了。至于我姐姐，她认为如果我的朋友们都这样对我，那有问题的一定是我。但这次友谊破裂对我来说是一场巨大的灾难——从那时起，我变得无依无靠，融不进其他人的小圈子。"

"后来，我交了两三个女性朋友，但这让我觉得自己在背叛斯特凡妮。于是，与男孩交往成了我唯一的出路。纯洁的小恋情让我能够生存下来。但由于交往了许多任男朋友，我变得越来越不合群！此外，还有一个叫玛丽安的女孩善意地提醒我：'你应该停止和男生交往，因为你已经被遗忘了，关于你的流言也在减少。'"

"现在回想起来，我明白自己是被情感操纵和流言骚扰的受害者，但当时我只能仍由自己陷入负面情绪。这件事给我留下了深深的创伤，直到今天还会困扰我。现在的我尽量保持低调，避免与他人发生正面冲突。与此同时，我总是试图讨好别人，渴望被关注。这种双重性格让我感到筋疲力尽。"

难以敞开的心扉

桑德拉的青春期经历给她带来的创伤历历在目。群体的攻击、朋友的排斥，尤其是和她最亲近的朋友的排斥，都成了她前行路上的荆棘，使她难以敞开心扉，相信他人。

嫉妒、愤怒、孤独和背叛等情感有时会打破女性之间友谊的平衡，尽管她们关系亲密，她们互相倾诉，她们毫不畏惧地许下承诺。**女性之间形成的互助团体也被视为抵挡一切负面情感的有效堡垒**。毕竟，女性应该互相关心、携手前行，永远如姐妹一般，这不正是粉碎一切竞争和对抗观念的本质吗？

然而，这些情感背后的东西，大多都被深藏在了心底。我们又该如何避免朋友的间接攻击，避免那些表面看似紧密但实则十分易碎的友情呢？即使在今天，对大多数女性来说，要让她们不感尴尬地表达这些模糊不清的负面情感，仍然是一件具有挑战的事情。

"好女孩"的内疚与憎恨

美国作家和教育家蕾切尔·西蒙斯（Rachel Simmons）是赋权未成年女性的坚定支持者，她揭示了在人际关系中冲突是不可或缺且不可避免的一部分。在她的著作《女孩们的地下战争》(*The Odd Girl Out*)中，她将矛头指向了"女性应该不惜一切成为好人"这一经常被社会强调的刻板观念。她采访了来自不同社会文化背景的 300 多名 9 至 15 岁的女孩。她发现，这些女孩常常将愤怒情感内化，很少公开表达。

要知道，压抑情感会给我们带来灾难性的后果。没有什么比一个转身离去的背影更具破坏性。这些情感通常会被深藏于心，日后会通过情绪突然爆发和霸凌的方式表现出来。女孩们似乎都倾向于用间接的方式来处理冲突，西蒙斯对此深感遗憾，因为它建立在克制情感和害怕冲突的基础上，这对女孩们有着很大的负面影响。

美国作家和教育家莎伦·兰姆（Sharon Lamb）也在她的著作中附和了这一观点。她指出，即使是"好女孩"也可能具有攻击性，但她们通常在感到内疚的同时继续实施她们的攻击性行为。

多丽丝·莱辛（Doris Lessing）于 1962 年出版的《金色笔记》（*The Golden Notebook*）不仅是对小说艺术的赞美，还是对 20 世纪 50 年代伦敦艺术家安娜和莫莉这两位朋友的生活写照。

> 安娜静静地站着，费劲地维持着这种姿势。莫莉所说的话充满了怨恨，但她也在为安娜能够承受其他人所承受的压力而感到欣慰。安娜心想，"我真希望我不会如此深刻地理解一切，不会对每一个微小之处都如数家珍。曾经，我从未留意过这些，但现在，每一次与某人的谈话、每一次相聚似乎都像穿越雷区。为什么我不能接受最亲近的朋友有时也会在我的背后刺伤我呢？我早已领悟到……怨恨和愤怒是我们这个时代妇女普遍经历的情感。"

正如前文所述，女性即使在愤怒时也应该以温柔和善的方式待人接物。女性的直接对抗被视为粗俗或疯狂的表现，因为它背离了社会为女性设定的标准。这些期望则反映了性别角色和刻板印象的异常影响。通过不断追求男性的认同和社会的认可，女性不自觉地发现自己竟然会成为自己的竞争对手：

> 无论一个女人的思想有多么注重平等，至少在某些方面，她还是很有可能会按照旧有的女性刻板印象行事，这

第 4 章 竞争与友谊

一行为就自然让她将自己与母亲对立起来,并按照男性的要求来定义自己。我们从小到大都在等待男人的认可……许多女性都在男人所看重的事物上竞争。最糟糕的结果是自我憎恨:女人们诋毁自己,并将自己与其他女性对立起来。

这种关于女性和男性应该如何行事的文化观念,源自每个人社会化的过程。这一过程从童年就开始了,我们从那时起就被教导要按照特定的社会规范来行事。女性被视为是支持、奉献、团结和倾听的角色,因此,男性眼中所期待的女性是如此,而女性也对这样的角色抱有着同样的期待。然而,女性也具有竞争性和攻击性,只是通常不会显露出来。社会对性别的刻板印象就连每个人的行为举止也没有放过。

对女性来说,应付他人的愤怒和具有攻击性的行为已经很难,所以要直接表达这些情感更是不可能了。如果一个女性尖叫、大声争吵、抓扯头发、发怒、面红耳赤,那么她会让人联想到歇斯底里的疯女人。

所以,当女性因情感冲动而发火时,她们可能还会发现自己已经名誉扫地,形象尽失,被认为是女性中的败类。但是,除了批评之外,她们的愤怒却鲜有人愿意倾听。**这里需要清楚的是,愤怒和攻击是两种不同的概念,愤怒是一种情感,而攻击则是一种行为。**

必须表达愤怒

我们的社会普遍认为女性应该保持情绪稳定,美国记者、设计师和作家阿里拉·吉特伦(Ariela Gittlen)对于这一观点提出了不同的看法,她认为表达愤怒其实具有一定的宣泄作用。

2018年,尽管美国参议员布雷特·卡瓦诺(Brett Kavanaugh)因在学生时代犯下强奸罪被指控,他还是被提名为美国联邦最高法院大法官,并顺利升任此职。公众倍感震惊和愤怒。

> "在卡瓦诺的听证会之后,我(吉特伦)给自己设计了一套帮助我从打击中恢复的练习:我给自己敷了个面膜,聆听着轻柔的音乐,欣赏着体现女性的愤怒的艺术作品。我相信我并不是唯一一个这样做的人;《犹滴砍下荷罗孚尼之头》①(*Judith Beheading Holofernes*)、《奥菲斯之死》②(*Mort d'Orphée*)、《蒂莫克利亚杀死了亚历山大大帝的船长》③(*Timoclée précipite le capitaine d'Alexandre Magne dans un puits*)等艺术作品在我的社交媒体上发布了好几周,并流行了起来。我重新解释了这些作品,又附上相关文字,它们传达了女性对这一不公平现象的愤怒。"

---

① 阿特米西亚·真蒂莱斯基(Artemisia Gentileschi,又译简蒂莱斯基、简蒂列斯基、津迪勒奇)作品,她是意大利画家,艺术史上一位杰出的女艺术家。
② 朱利奥·罗马诺(Giulio Romano)的作品描绘了奥菲斯被愤怒的女仙们殴打的场景。
③ 伊丽莎白·西拉尼(Elisabetta Sirani)的作品,她是17世纪最出名的意大利女画家,画的是蒂莫克利亚被亚历山大大帝的船长强奸后,她把他投入井中。

第 4 章 竞争与友谊

因此，发声人的重要性不言而喻。为了强调这一点，吉特伦引用了丽贝卡·特拉斯特（Rebecca Traister）的著作《好不愤怒》（Good and Mad），该书指出，最有效地诋毁女性的方式就是将她们描绘成女妖。

"我承认，对于那些试图将愤怒贴上不健康标签的人，不管他们的出发点多么善意或具有说服力，我都心存疑虑……关于愤怒，对女性不利的观念是我们要压抑愤怒，保持沉默，应该为宣泄愤怒而感到羞耻。而对女性真正有益的是观念是我们要勇敢地发声，释放愤怒，让自己去感受它、表达它、思考它，并采取行动，就像我们将快乐、悲伤和担忧融入生活一样。"

为了保持女性魅力，为了持续拥有来自男性和女性双方的情感支持，女性往往被告知要避免直接的对抗和竞争，还要抑制内在的愤怒。因此，她们可能采取被动攻击的策略来应对冲突。正如我们在第 2 章中提到的，女性在运用被动攻击方面似乎特别高明。被压抑的愤怒情绪可能转化为人际关系中的攻击，表现为排挤、背叛、拒绝、散布流言、传播谣言以及各种形式的羞辱。而这些行为其实也与传统观念中温柔的女性形象形成了鲜明的对比。

收获爱情＝失去朋友？

我们向临床心理学家卡米尔·科恩（Camille Cohen）咨询了一个问题：为何在看似和谐的友谊中会悄然滋生无形的竞争呢？

她解释说："不论是有意识还是无意识的，我们选择朋友并非随意，而是有一套标准。当我们感觉到对方不再符合这些标准时，竞争意识就会被激发出来，因为我们认为他们已不再是我们当初选择的那个人。"

"无论是在学业还是情感上，如果俩人的友谊从幼儿园一直延续到中学，这段友谊中潜在的竞争就常常会被化解。然而，真正的竞争有可能出现在那些影响我们人生的重要事件中，如结婚、生子，或事业有成。这些时刻会激起我们心中深切的不安和嫉妒。幸运的是，在大多数情况下，我们能够分辨出这是源于自己内心深处的不安全感，并且能够真诚地为朋友的成功感到高兴。如果我们无法分辨这种情绪，并导致负面情绪累积，可能很快这段友谊就会破裂。我们会把最好的朋友视作姐妹，她们是我们自身的映像。当我们与她们不再相似时，我们就会感到心碎。"

卡米尔·科恩补充道，"感到嫉妒是人之常情，但如果嫉妒转变为了憎恨，并且开始恨对方，希望对方过得不好，那这段关系就出现了问题。"

受到重要事件的影响和缺乏自信是导致关系破裂的关键所在。当某一位女性为自己的闺蜜结婚后不再经常与自己见面而感到烦恼时，她并非杞人忧天。实际上，当朋友的恋人影响到朋友和我们之间的生活时，我们自然会有被冷落的感觉。

牛津大学认知与进化人类学研究所的罗宾·邓巴（Robin Dunbar）主导的一项研究发现，收获爱情的代价往往是"失去两个最亲密的朋友"。

这意味着当一个新的人物进入你的生活时，他会使你与亲戚和朋友的关系变得疏远，因为谈恋爱的时间占据了原本用于建立柏拉图式友谊的时间，这样就对友谊造成了的损害。

如果你与他人的见面次数变得越来越少，那么你与他们的情感联系也会随之迅速减弱。当你过分专注于你的恋人时，你可能会忽视过去与你关系密切的人，导致你与这些人的关系开始恶化。

当友谊中出现"背叛"

女性之间的友谊至关重要，因为女性的寿命更长，我们需要彼此的支持，我们不能没有这种同性间的共鸣。那么，为什么我们还是很难意识到每个人都有自己的生活轨迹，友谊不是一场关于成功或爱情的竞赛呢？

在雪儿·海蒂看来，我们对朋友的敌意源自更深层次的原因：

这种敌意的核心不是嫉妒，而是缺乏自信。这体现了女性对自己价值的怀疑，是女性的致命软肋。由于对自己的价值感到怀疑，我们就会开始质疑其他同性。这就导致了女性间不平等的关系、暗中的斗争和持续的不安。

女性之间的竞争源于她们不断地相互比较，害怕自己不受欢迎，甚至因此而产生偏见："我不如她漂亮，不如她苗条，不如她聪明……"有害的比较违背了我们的意愿，更重要的是，当我们遭遇"背叛"时，这种有害的心理就会加重。**因此，无论你在什么领域，无论是和职业抱负有关还是与个人友谊有关，提升自信都是最有用处的消除偏见的手段。**

在 2010 年《人类》(*Human Nature*)杂志上发表的一项研究表明，我们倾向于与我们的吸引力水平相似的人成为朋友。然而，有些女性感觉自己不如朋友们有吸引力，而这一"不如人"的比较就是自卑感的来源，特别是当她们与极具魅力的男性互动的时候，自卑感让她们陷入竞争的压力之中。但是在智力方面，这种竞争现象却并不明显。这可能是因为在选择伴侣时，男性更看重女性的外貌而非智力。有时候，即便无法用外貌或智力来解释这种竞争，女性的友谊也会因此而受到影响。

29 岁的阿米娜是一名 IT 研发经理，她正在努力摆脱两次分手带给她的阴影。

第 4 章 竞争与友谊

"我和艾尔莎从小学开始就认识，当时班上一个调皮的女生嘲笑我的卷发，艾尔莎替我辩护，从此我们就形影不离了。尽管我们不在同一个班级，但我们仍经常见面，互诉心事。在其中一个人失业（我）或另一个人失恋（她）的时候，我们都会是彼此的精神支柱。我们一起度过了许多时光——总之，艾尔莎是我一生中最好的朋友。"

"2017 年，我找到了梦寐以求的工作，开始和一个同事约会，他是一个非常英俊而浪漫的男人，这与我以往的恋爱经历截然不同。我很快就把他介绍给了艾尔莎，迫不及待地想听听她的看法。一开始她有些冷淡，她觉得他很可爱，但有点过于害羞了。我非常希望她能喜欢他。她对我另一半的不认可会影响我和男友间的关系。因此，我开始频繁外出，参加越来越多的晚宴和郊游。当时，艾尔莎在和一个人约会，他们不常见面。于是，我邀请她八月底到我男友的度假屋和我们一起度假，告诉她可以带上她的男友。"

"但她一个人来了。我们在那里度过了四天田园诗般的美好时光，一起在小溪里游泳，一起前往尼斯内陆地区，晚上喝着玫瑰红葡萄酒直到深夜。回来后不到一周，我的爱人告诉我他想分手。这对我来说太突然了，我难以接受。幸运的是，他转到了分公司工作，所以我不必每天都见到他。当我把这个消息告诉艾尔莎时,她表现得很惊讶,然后告诉我她和我的前男友一见钟情,他们实在无法平息这一份爱,他们无法抗拒彼此。不久前,我得知他们已经同居,并且正在讨论结婚的事情。"

"你知道最糟糕的是什么吗?当时,我觉得自己很丢脸、很丑陋、很无能,因为他选择了我的朋友而不是我。这严重打击了我的自信,我花了好几个月才重新振作起来。但现在回想起来,我真的不在乎他离开了我,我们在一起也不过才七个月。但艾尔莎的背叛却让我痛不欲生,她是我将近二十年的朋友!她怎么能这样对我?朋友不该做这种事,我心里还是很难过。"

当一个男人更喜欢我们的朋友时,我们的自信心自然会受到影响。不安全感和儿时的错误信念被重新激活,当我们心仪的对象更偏爱另一个女人时,我们便很容易觉得自己不值得被爱。

在《单身汉》(The Bachelor)——25个漂亮优秀女孩竞争1个白马王子的青睐——这样的综艺节目中,随着节目的推进,女性参赛者们会逐渐被她们渴望的男人淘汰,因为他认为她们不符合他的标准。但更令人惊讶的是,竟然有女性会观看这样的节目,她们竟然期待看到这样的斗争。

阿米娜已经走出了自我质疑的阴影,但她仍然感觉自己被羞辱、感觉自己很丑陋、没有价值，再一次建立稳定的情感关系对她来说还是很困难。

她仍然觉得多年的发小背叛了自己。曾经牢不可破的友情纽带如今让她感到空虚，她仍难以置信，她认为"朋友不应该做这种事情的"。

然而，这正是许多电视剧和电影的主题，例如在电影《大婚告急》（Something Borrowed）中，两名女性是彼此的挚友，却在同一时间爱上了同一个男人。在20世纪90年代热播的电视剧《比佛利山庄》（Beverly Hills）中，凯莉从好友布兰达那里抢走了她的男友迪伦。两个女孩因此疏远了，然后又和好如初。

在电影《莫负当年情》（Beaches）中，两位女主角保持了30多年的深厚友谊，即便是爱情或短暂的竞争也无法将她们分开。在电影《情敌复仇战》（The Other Women）中，一名女性发现自己的情人是有妇之夫。她与他的妻子俩人同时发现出轨者还是另一位年轻女子的情人。之后，三人联手报复了出轨者。这部电影最终将友谊置于爱情之上。

我们何时会更需要友情而不是爱情？弗里堡大学研究员卡罗琳·亨乔兹（Caroline Henchoz）提供了答案：

> 这通常与我们处在生命中的哪个时期有关，比如幼年时期、青春期，或者当我们正经历一段艰难的感情关系时。

爱情和友情并不相同。绝大多数情侣每天都在一起生活，因此我们与恋人所面临的挑战，与和我们偶尔见面的朋友所要面临的挑战，是截然不同的。朋友的存在主要就是为了分享快乐时光。

怎样才能识别出谁是你真正的朋友？真正的朋友可能会在她遇到烦恼时跟你倾诉，不会因为你比她更漂亮（即使你否认这一点）而感觉受到威胁，她会真诚地为你高兴，为你的成功喝彩，她对自己也有足够的信心，不会因为你的成功而感觉受到威胁，但当她缺乏自信时，也会对你敞开心扉。我们不应该因为成功或幸福而感到内疚，我们应该始终能够与朋友分享这些喜悦。

避免不必要竞争的 5 个技巧

哲学家玛丽·罗伯特（Marie Robert）阐述道："fargin 不仅是一个词，更是一种情感，即'为他人感到快乐'。fargin 没有任何隐含的意思。这个词意味着当我们听到有人身上发生了一些好事时所感受到的快乐，也代表着一种愉悦的悸动，即当朋友告诉我们一个好消息时，我们会发自内心地祝贺她们，而我们心中一直会有着某种起起伏伏的欣喜之情。为胜利者感到快乐，意味着放下竞争心理，更好地扎根于信任之中。"

第 4 章 竞争与友谊

对我们来说，最好的情况就是，拥有一个胜似亲姐妹的朋友。 如果我们能在赞美他人时抛开以自我为中心的心理，我们就会真诚地为他人的幸福感到高兴。而当我们开始为朋友的幸福而感到高兴时，就意味着我们已经开始治愈我们内心的伤痛。

真诚友谊的好处还在于，它是我们活过的证据，它是我们生命的见证。

  埃洛伊斯和埃丝特的友谊始于埃丝特戴牙套的年纪，自那时起，她们一直保持着良好的关系。她们有时会见面，有时则相隔较远，但总能重聚，这一过程中从未有过冲突、冷战或抱怨。埃洛伊斯对埃丝特没有任何额外的要求，她允许埃丝特有其他的朋友，没有表现出任何嫉妒，也没有设定任何规则。因为友谊使我们承担起一种责任，同时也为我们提供了一种保护，这种保护与伴侣关系中的约束和义务不同，给予了我们更多的自由和空间。

  与伴侣相处的方式可能很有限，但做朋友的方式却多种多样。埃丝特虽然还没有建立过一段持久的恋情，但她的生活中却拥有许多长久的友谊，与埃洛伊斯的友谊是其中最久远的一个，她见证了埃丝特的生命历程。

为了在友谊中避免不必要的竞争感,你可以通过以下5个技巧来实现:

1. 自信的女性在朋友获得成功时,不太会感觉受到威胁,也不会对朋友产生威胁。
2. 将个人的幸运、幸福和成功转化为助人的力量和他人的灵感源泉。
3. 对朋友的感受负责,并不意味着你要过度地关心和同情朋友。以自我牺牲为代价的过度保护可能会损害人际关系,可能导致朋友间潜在的负担感、怨恨、被动攻击行为或关系破裂。
4. 竞争并不一定就有危险或具有伤害性,它也可以成为一种正向的激励,可以以健康的方式调节竞争心理,如体育运动。
5. 在竞争和同情之间保持平衡意味着既能迸发奋进力量,也能关心朋友的感受,还能在此基础上支持他们的个人成长。

第 5 章
职场中的竞争

> 在地狱中，据说有一个专门的地方，
> 用来惩罚那些不愿互帮互助的女性。
>
> 马德琳·奥尔布赖特[①]

我们对来自法国和英国的人力资源经理进行了采访，发现他们中的许多人都认同这种观点："面对一位男性应聘者和一位女性应聘者，如果他们都是35岁且具备相同技能，那么我倾向于选择男性。"被问及为何有此偏好时，他们坦言："要知道，35岁的女性往往有年幼的孩子，或正在考虑要孩子。因此，涉及孩子生病、处理托儿所或保姆问题时，男性通常更容易脱身。"同时，一些人力资源经理认为，女性更有可能因为伴侣到外地任职而辞职，反之则不然。他们也承认，这对女性求职者来说并不公平。

[①] 美国历史上第一位女性国务卿。哥伦比亚大学博士毕业，曾任乔治敦大学沃尔什外交学院教授。

这种观点并非出于敌意、厌女症或恶意，而是将性别歧视的老生常谈融入了现实生活的艰难处境之中。然而，那些因此而遭到排斥的女性，却受到了双重打击：她们不仅失去了期望的工作机会，还发现女性雇主也选择了男性而非她们。仅凭性别，就应该将女性排除在外吗？人力资源经理的选择应当是公平公正的，但性别歧视有时确实会影响我们的判断。

在特定情况下，看到女性在事业阶梯上不断攀升，成为成功的典范时，我们可以期待性别偏见逐渐减少，并最终消失。但那些恃强凌弱、嫉妒同龄人、使用恶劣言语攻击其他同性的女性又是怎么出现的呢？

> 45岁的埃莱奥诺尔是巴黎一家医院的心脏外科医生，她分享了自己的经验："多年来，我一直在与护士们斗争。她们对我的权威提出疑问，却对我的男性同事毕恭毕敬。她们质疑我的每一个指令，向上级汇报我的一言一行，当我不在时，她们就在走廊里散布谣言。这真是一场噩梦。但自从疫情暴发后，情况有所改善。或许她们从工作中得到了更多的认可，这正是她们之前所缺少的。尽管如此，我仍然保持警惕。"

第 5 章 职场中的竞争

"看不见"就不存在？

无论男性还是女性，对于职场人士而言，竞争都是常态。克里斯托夫·德儒斯（Christophe Dejours）是一位精神病学家、精神分析师、心理学教授和法国国家妇女委员会健康与工作讲座客座教授，也是《暴力词典》（*Dictionnaire de la violence*）的作者之一，他指出，尤其在工作中，"你必须展现出阳刚之气，表现出你能够坚韧不拔地忍受痛苦，也能够无所顾忌地向下属或学徒施加痛苦"。

他对"阳刚之气"的定义尤为有趣："'暴力'与'阳刚之气'这两个词联系在一起时，它们通常被赋予了一种积极的道德含义，就像所有与阳刚之气相关的事物一样。"

因此，当男性展现出这种"阳刚之气"时，他们通常会受到尊敬甚至钦佩。所以，他们也更愿意面对各种形式的竞争。相反，女性如果以同样的方式表现自己，则会被贴上负面标签，比如会说她从"小白兔"一下子成了"母夜叉"。这恰恰反映一个双重标准：男性积极参与竞争受到赞扬，而女性积极参与竞争则遭到贬低。

虽然男性为树立权威而进行的竞争为人们普遍接受，但有女性参与的竞争却常常被忽视，被人们视为不值一提的小打小闹，还会被故意回避。人们会反问："为什么我们需要处理一个本就不存在的问题呢？"在这样的论调之下，性别歧视就会被延续下去。正如我们在第一章中所看到的，现在有些女性确实更愿意为男性工作。

斯坦福大学 VMware 女性领导力创新实验室的社会学家和研究员玛丽安·库珀（Marianne Cooper）研究了女性在工作中对待彼此的态度，以及社会偏见如何影响了这些态度，她还重点关注了性别与冲突之间的关系，特别是法律行业中的冲突：

> 人们常将女性视为阴谋家和背后捅刀子的人，这导致人们进一步认为若女性在工作中与他人产生分歧，会产生具有破坏性的冲突。一项研究发现，若是两个女同事发生冲突，人们常常预期这种冲突会带来长期的负面影响，例如在工作中给对方使绊子。而若是两个男性或一男一女之间发生类似冲突，人们通常会觉得这样的关系更容易被修复。

女性在职场中害怕与同性产生冲突的原因到底是什么呢？是害怕被对方说站在强势的男性一边？还是害怕在雇用女性员工时被怀疑偏袒其他女性？或者是害怕这些女性会取代她的位置？甚至是怕受到女上司的虐待？

> 28 岁的约瑟芬是一家超市的柜台经理，她说："我们的老板退休后，一位女性接管了他的工作。我原本很高兴，因为她看似十分公正友好。但她只对男性员工笑脸相迎，

对我们则态度恶劣。她把我们当傻瓜一样和我们说话，而且她只对一名每周兼职两天的学生态度好。她不尊重我们，不断要求我们提高效率，还威胁说有人排队等着接替我们的工作。因为她，我的工作环境变得很糟糕。幸好包括那名学生在内，我们团结一致应对她，因为有时候真的快受不了了。比起一个真正的领导者，她更像一个被脸谱化的反派角色。"

像男人一样对待其他女性

为了在高层职位上显得更有权威感，一些女性可能会在职场中摆出母亲的姿态，展现出一切尽在掌握的样子，甚至超乎了职场所要求的范围。同时，另一些在男性主导的环境中工作的女性则会刻意规避自己的母亲身份，也很少提及自己的子女。

法国国家科学研究中心（CNRS）的研究员兼劳动社会学家达尼埃尔·凯尔戈特（Danièle Kergoat）提出，可以用"性别歧视被内化"来解释为何一些女性选择与弱势群体保持距离。她们顺从了既定的刻板观念，认为与男性共事意味着"麻烦较少"。在这个过程中，她们忘记了自己应该提拔合适的女性担任重要职位，尽管男性几个世纪以来一直在实践这种收买人心的艺术。

这种男性主导思维在女性群体中的内化程度如此之深，以至于女性自身也受到影响。她们不是在否认自己生理上的女性身份，而是在否认自己属于一个被轻视、被厌恶，且充满缺陷的性别。这种自我否认造成了无尽的痛苦。

由于职场仍然在很大程度上偏向以男性为中心，女性可能会因此调整自己的行为，甚至表现出厌女的态度。这就是心理学家安妮克·乌尔（Annick Houel）所描述的"后备厌女症"（misogynie d'appoint）。她解释，这是职场女性常用的一种代替性防御机制，为了保护自己免遭排斥而顺应公司文化和主流观点。

通过这种机制，职场女性将性别歧视内化，这些偏见决定了她们评价自己的方式，她们会认为自己的各方面的能力都不如男性。因此，她们可能会对其他女性采取不友好的态度，以保持自己在顺应男性主导的环境中获取的地位。

最后，由于职场女性长期以来严重缺乏同性榜样，她们不得不从被视为标准的男性榜样中汲取灵感。正是这种以男性为主导的职场歧视在女性身上的再现，解释了某些女性的性别歧视行为。

上桌的女性只能有一位

女性在企业中的地位无疑与每家公司的企业文化息息相关。如果女性在薪酬、职业发展机会或晋升渠道上无法获得与男性平等的待遇，竞争心理就会出现。

第 5 章 职场中的竞争

由于企业的中高层通常由男性占据，因此女性得出结论，这些职位对于女性来说是稀缺品，她们必须比男性更加努力才能获得这些职位。 这一情况也导致了职场中竞争的加剧。截止到2020年，法国仅有20%的执行委员会成员为女性。尽管女性的处境愈发受到重视，她们在接近权力中心的地方拥有的席位却越来越少。

美国作家、教练兼Reverb公司创始人米卡拉·金纳（Mikaela Kiner）认为，"妇女必须在谈判桌上享有一席之地"这种观念是女性间竞争的主要驱动力之一。

米卡拉最近遇到一位年轻女性向上级申请内部调动，她却因为那个团队中已有一名女性而遭到拒绝，因为他们"不希望再多一名女性"。这让她非常沮丧，并最终选择从这家公司辞职，加入一家更具包容性的公司。并非每个人都能像她一样做出这样的选择，但她的决定增强了她的自信，改善了她的处境。

这反映了一种现象：虽然企业被强制要求保持团队成员的多样性，但女性的处境并未因此有实质的改善。当女性抱有这种心态参与竞争时，实际上阻碍了其他所有女性的发展。如果一位女性想要突出重围，最好的方法是支持她周围的女性，这将为所有人创造更多机会，让她们获得更大的成功。

尽管企业在管理层的选用上力求表现出包容性，但这样的努力可能产生负面效果。事实上，处于女性领导下的女性并不一定会享受到特权。女性下属可能同样沦为企业晋升配额制下，女性领导者的竞争对手。

65岁的艾米莉在人力资源部门工作了近40年后退休。她回忆道："我们总是推卸责任，把一切都归咎于父权制，实在是有些过于轻率。当然，我也见过虐待员工的男上司，他们或许脾气暴躁、忘恩负义或大男子主义，需要严加管理。但我注意到，大多数关于虐待的投诉都来自女性员工对于女上司的投诉，这让我感到心痛。我记得有一位女性员工因为在会议上被女上司当众羞辱而请求调岗。现场没有人为她辩护，但大家都认为女上司的这种行为不可接受，支持她的调岗请求。"

"至于那位施暴的女性上司，她因为在公司中得不到发展而感到沮丧，于是她将怨气发泄在那些表现得比她更优秀，并最终获得晋升的女性员工身上。她以为这样做可以赢得上层领导的好感。但这并没有给她带来好运，反而让她被解雇了。在大型团队中，你可以选择内部调动，更不用说这种情况已经不是第一次发生。但这并不能真正地解决问题。"

蜂后综合征

正如我们刚刚看到的那样,在职场中,某些高级职位对于女性来说仿佛难以触及,她们不仅需要更加努力地争取这些职位,还可能面临没有其他女性的帮助,甚至要与其他女性产生竞争的情况。在 #MeToo 运动兴起的时代,这种现象引人深思。

在职场中,这种现象被称为"蜂后综合征"(Queen Bee syndrome)。这一概念由美国心理学家 G.L. 斯坦斯(G.L.Staines)、T.L. 贾亚拉特纳(T.L.Jayaratne)和 C. 塔夫利斯(C.Tavris)于 1974 年提出,用以描述那些对女性员工态度恶劣的女性领导。

社会学家玛丽安·库珀(Marianne Cooper)指出,这种综合征包括一系列如贬低典型的女性特质("女人太情绪化了"),强调自己的"男性"特质("我的思维方式更像男人"),否认性别歧视的存在("高层女性稀少不是因为歧视,而是因为女性投入较少"),以及拒绝支持旨在消除性别不平等的倡议等行为。最典型的"蜂后"是那些成功的女性,她们不仅不利用自己的力量帮助其他女性成功,反而破坏她们的努力。

随后的研究也记录了这一现象。一些研究将"蜂后"描绘为恶毒的女性,另一些研究则认为"蜂后"是已经建立起权威的女性,她们拒绝帮助其他女性,是因为她们害怕失去权力。另有研究认为,这只是一个会破坏女性情谊的偏见,因为它延续了一种观念，即女性之间的职场互动总是伴随着阴暗的动机。《职场贱女孩》（*Mean Girls at Work*）的作者凯瑟琳·克劳利（Katherine Crowley）和卡蒂·埃尔斯特（Kathi Elster）指出，我们大多数人都希望成为善良、体贴的人，但同时也在与自己的阴暗面——嫉妒、羡慕——作斗争。男性倾向于公开竞争，争夺地位，成为"赢家"，而女性则更多地在幕后竞争。在职场中，这种隐秘的竞争和间接的攻击是女性不良行为的核心。

这到底是偏见还是现实？实际上，在职场中厌女的女性并不罕见，她们利用自己的权势对付其他女性，甚至骚扰她们。在法国，大多数关于职权骚扰的投诉都由女性提出，而且越来越多地针对女性本身。

正如玛丽安·库珀所指出的，蜂后综合征虽带有负面色彩，也存在争议，但它首先揭示了"妇女在等级制度中难以找到自己的位置"的现实。苏珊·夏皮罗·巴拉什教授也证实了这一点："通常情况下，一个女性到达顶端后，由于她经历了太多，便不愿再与其他女性团结一致，而是更愿意独自留在男性的公司中，享受已有的权力和优势。"库珀也注意到，有些女性扮演了与蜂后相反的角色，即"公平"女性，在这一角色中的女性相互支持、鼓励、回报并互相提携。

莱斯利，一位 34 岁的造型师，曾在英国一家中等规模的奢侈时装品牌工作多年。她分享了自己与一位老板之间的经历。

第 5 章 职场中的竞争

"我的老板亚历克莎有她的偏爱。如果你得到了她的青睐,那就太棒了,但如果你犯了错误,你就会失宠,只能努力重新获得她的信任。这很难,因为她对你的态度就像在说:'如果我能应对一切,你也应该可以。如果你做不到,那你就是弱者。'这确实是一种普遍的心态。"

莱斯利还指出:"我觉得女性对待其他女性的态度更为严苛。我们不如男性受重视;我们参加面试时会引起别人的兴趣,但一旦开始工作,这种兴趣就会消失;然后我们就变成了可有可无的人,仅仅是产业链中的一环。"

她还提到了时尚界的竞争文化:"即使在时装学校,我们也彼此竞争,因为通常总有一个人比其他人更成功。因此,我们不愿意分享自己的实习计划,害怕被班上最优秀的同学抢走机会。如果我们在某家公司找到了工作,我们也会非常谨慎,因为我们觉得这是我们在时尚界工作的唯一机会。这样的环境确实很艰难,毫无疑问,竞争文化其实早在我们的学生时代就已经萌芽了。"

"在受邀参加派对或时装秀时也是如此:你必须足够酷、足够有趣,别人才会愿意和你在一起……你必须不断地向大家证明自己的价值,你必须一直展示自己才能被接受,但要小心,如果你放松警惕,暴露了自己个性的另一面,那么你就会被赶出去,因为你不再符合人们的标准。这非常尴尬。"莱斯利提到,"我唯一结交的朋友与我的兴趣爱好完全不同,所以我们从来没有面对面竞争过,或者说我是他们的良师益友。由于我比一般时装学校的学生年长一些,我的经验更丰富一些,所以我也分享了一些心得……"

在时尚界,虽然女性似乎处于主导地位,但实际上,女性设计师却相对较少。以 2022 年秋季的一次活动为例,参与的 313 个品牌共有 371 名设计师,其中仅有 40.2% 是女性。这种情况揭示了一个矛盾:虽然女性在时尚界的声音很大,但在关键的岗位上,她们的比例却远小于男性。有时,这种环境甚至显露出对女性的反感态度,使得"蜂后综合征"在这里更容易形成并蔓延。

被抑制的愤怒

在构想与其他女性的工作关系时,我们通常会想象两种情况:要么彼此合作共谋,要么相互竞争。在第一种情况中,我们常常期待女性同事会表现得温柔、热情、乐于助人,但这样的期待有时会带来失望。正如安妮克·乌尔(Annik Houel)的分析:

"想象女性在涉及金钱和权力的竞争中能够完全不受这两者的影响,这种想法不切实际。真实情况是,无论男性还是女性，都可能受到金钱和权力的影响。特别值得注意的是，即使女性担任首席执行官，也并不意味着她们就会和女性员工更加团结一致。实际上，在职场中，女性之间的团结并不像人们普遍期望的那样普遍。有时正相反，女性在工作场所并不总是比男性更友好或更倾向于合作。"

她进一步解释说："从小到大，男性都是按照等级制度来安排自己的生活，他们努力避免成为最底层的人，并且在这方面花了很多时间。他们的方法之一就是表现得好像自己很强大，即使真实的他们并不觉得自己很强大。但是，女性从很小的时候起，人们就期望她们善良并致力于奉献。虽然社会模式正在发生变化，但总体上，女性倾向于淡化她们之间的等级制度。"

值得注意的是，职场中女性之间出现紧张关系时，许多女性会感到惊讶，仿佛她们之间的合作应该是理所当然的行为。

在某些情况下，当她们的女性部门经理以闺蜜的方式接近她们，分享私事，并表现出亲近甚至母性的一面时，一些女性可能会感到意外。这种混合了亲密和权威的关系可能会带来复杂的后果。一旦女性领导不再亲近或用权威代替亲密对待下属时，女性员工会有被背叛的感觉。因此，女性员工需要调整自己的期望，换句话说，就是学会适应这种状况。

我们常见的一个现象是，女性之间的冲突常被视为幼稚、无足轻重，不会得到严肃对待。这背后的原因在于，社会常常迫使女性隐藏那些被认为"不女性化"的情绪，比如愤怒。女性的愤怒被认为是不恰当的。这种压制使得女性在愤怒的同时，也会感到内疚，从而选择隐藏这种情绪，导致她们无法健康地管理自己的情绪。2018 年，工作生活法律中心（WorkLife Law）在律师事务所进行的一项研究揭露了这一现象在职场中的具体表现：

> 研究发现，男性在工作中表达愤怒，这通常能增强他们的影响力，但女性则可能因此失去影响力。当律师们被问到，案件需要他们在工作中表达愤怒时，他们是否可以自由地表达愤怒，以及是否会担心因表达强硬而遭受惩罚。结果显示，白人男性在表达愤怒方面享有的自由远超其他群体，包括少数族裔男性。
>
> 而仅有 40% 的少数族裔女性和 44% 的白人女性表示她们可以自由地表达愤怒，与之相比，白人男性的比例高达 56%。进一步地，62% 的白人男性认为他们因愤怒或攻击性行为而受到惩罚的概率几乎为零，而女性中这一比例还不到一半，且在不同种族间差异甚微。在法律和其他领域中，情绪的表达往往是成功的关键。

人们常期望女性展现一种自我牺牲的姿态，以平和的心态，给予安慰，缓解紧张情绪，而非表现出愤怒。因此，自我控制及情绪管理，成为女性符合这种社会文化期望的关键。女性通过承担家庭的情感责任，满足了这一社会期望。但在职业生涯中，她们该如何处理愤怒？她们如何在情绪激动和保持冷静之间找到一个平衡点？

社会对此有着明确且因性别而异的规定。男性的愤怒可能引发恐惧，但通常也会获得尊重和关注。愤怒的男性常被视为行动和决策的象征，这些都是积极的特质。因此，愤怒在男性中被看作是力量的象征。

相比之下，女性虽然也会愤怒和争吵，但她们往往避免大声、明确地表达愤怒，以免被贴上"歇斯底里"的标签。愤怒扭曲了女性的柔和形象，使她们的声音显得尖锐。因此，女性在表达愤怒时，常常需要在保持细腻与避免被视为泼妇之间找到平衡。

希拉里·克林顿在2016年的总统竞选之前，就曾因此付出代价。她在书中描述了自己的艰难经历，特别是在自我控制和隐藏愤怒方面。讽刺的是，尽管她遵守了社会的这一禁忌，却未能获得保护，反而激起了特朗普支持者的愤怒，他们认为她过于冷漠、不真诚。

读者可能会惊讶地发现，希拉里在许多关于愤怒的讨论中，描述了她多年是如何压抑自己的情感的经历。她描述了自己在不快乐时也强迫自己微笑的经历,有时这种做法甚至让她的面部肌肉疼痛。"我或许已经很习惯于在努力保持冷静、咬紧牙关、紧握拳头的时候保持微笑……"她在书中写道。

愤怒和所有情绪一样,它使我们在身体、道德和心理受到威胁时能够保护自己。愤怒是一种释放阀,是一种健康的表达方式,它让我们感受到生命的活力。

抑制愤怒而不是健康地释放愤怒,最终会助长难以启齿的怨恨,加剧潜在的冲突和间接的攻击。正如哲学家索菲·加拉布鲁(Sophie Galabru)所言:"愤怒是一团火焰,温暖了在冷漠中奄奄一息的人们;愤怒是一束火花,重新点燃了在社会中冰封的人们。"以下案例,说明了隐蔽而有毒的竞争对人们造成的破坏性影响。

> 27岁的达芙妮负责市场营销和公共关系工作。她谈到自己的职业经历时指出:"我觉得与女性相处并建立关系要比与男性建立关系容易得多。长期以来我都这么认为,直至今日仍然如此。但在办公室中,对男性同事过于友好往往不受欢迎,因为你担心会被其他女性视为在调情。在公关行业遇到一些奸诈的女性时,我感到非常惊讶。我实在是摸不着头脑。"
>
> "在一起工作的女性通常有两种选择:一是相互鼓励和激励;二是采取消极攻击的态度。大多数女性在职业生涯

中至少会遇到或选择其中一种。男性在处理问题时通常更为直接，不会让事态升级。而在女性之间，冲突往往不会被当场解决，而是波折重重。"

"我曾在纽约时尚界担任公关，更多时候，我是被动遭受攻击的一方，而非得到支持或与人坦诚交流的一方。我曾与四位女同事共事，其中一位总觉得自己高人一等，常给我安排一些明显不属于我的工作任务。比如让我去楼下咖啡馆买面包，或者抱怨我买的是拿铁而不是浓缩咖啡——明明是她搞错了。她会问我：'今天的任务做完了吗？笔记做得怎么样？'她看到我一边听她讲话一边做笔记时，就会这样问。有一次，她甚至公然抄袭了我为一个新品牌提出的创意，在向老板汇报时将其据为己有并因此受到了表扬！"

"另一位女同事虽然不在我的团队，但我们每天都要打交道。她一见我就对我怀有敌意，没有任何理由，全凭直觉。她的言语尖酸，常对我指手画脚。在餐厅里她会对我说：'你为什么不吃意大利面，是在节食吗？'或者在经过一整天15个小时的工作和活动后问我：'今晚为什么不和我们去夜总会？你真像个老太婆！'还有在办公室里她会问：'你还记得我刚说的话吗？'后来我才知道有个专门的名词用来形容她这种行为——'煤气灯效应'，一种操纵手段，让受害者怀疑自己的记忆和对现实的感知，让受害者以为自己错了。她经常故意歪曲我在会上说的话，然后阻止我发言。她尖酸的言辞和谎言让我非常不舒服，我甚至不知道该如何回应。作为一个非常礼貌和谨慎的人，即使我很愤怒，我也很难将这种情绪表现出来，因为我害怕这样会失去工作。我只能忍气吞声。"

"我尝试过多种沟通方式来改善这种情况，但随着时间的推移，我逐渐变得像个哑巴一样。真正困扰我的不是工作，而是她们的态度逐渐侵蚀了我的自信。虽然还没有到霸凌的地步，但她们恶毒的言语确实伤害了我，让我怀疑自己。我经常默默流泪，勉强保持镇定，努力抑制怒火。我感到瘫痪和虚弱。尽管我的上司在职业上给予了我很多认可，但我甚至不敢再把自己推到前台，不敢再向她汇报我的成功——我渐渐失去了以往的自我。于是，我决定离开这个有毒的环境。"

在达芙妮的职业生涯中，她遇到了一些将她视为潜在威胁的同事。值得一提的是，她不仅非常聪明，而且颇有魅力。这些女性无疑都受到了所谓的"外部定位"的影响，这是一种削弱个人自信心的心理状态。它让人感觉无法控制自己的生活，认为生活中的事件都是由外部其他几乎无法控制的因素决定。在竞争激烈的职场中，这种外部定位现象往往会加剧竞争。

从更广泛的视角来看，对愤怒的压抑，如同对女性的其他刻板印象一样，会剥夺女性表达情感的权利，阻碍她们表达对彼此的赞赏。她们可能会陷入嫉妒，甚至是更糟糕的"幸灾乐祸"（Schadenfreude，德语，意为"损害的喜悦"）。这种不健康的情绪驱使我们在看到他人不幸时感到快乐，并以此为竞争动力。在女子体坛中，人们通常会提倡女运动员抱有强烈的竞争感、攻击性和胜负欲，甚至希望这种竞争心理在赛后也能维持下去。而在企业中，女性间的竞争则会遭到忽视。

然而，也有一些积极健康的变化正在发生。例如，《燃烧女子的肖像》（*Portrait de la jeune fille en feu*）的主演法国女演员阿黛尔·海内尔（Adèle Haenel）在罗曼·波兰斯基获得凯撒奖最佳导演奖时，大声疾呼"你真可耻！"并离开了现场。她的这一行为成了整整一代女性主义者愤怒与抗议的象征。[1]

有毒的母性权威

在企业及其等级制度的影响下，女性开始质疑自己与权威的

---

[1] 阿黛尔·海内尔是一位法国女演员，因主演《燃烧女子的肖像》而获得广泛认可。在 2020 年凯撒奖颁奖典礼上，她公开抗议罗曼·波兰斯基获得凯撒奖最佳导演奖，并愤然离场，成为女性主义抗议的象征。同时，海内尔也是性侵的受害者，她勇敢地站出来揭露了自己在年轻时遭受的性骚扰，为女性权益的斗争发出了强有力的声音。

关系。正如我们在第 3 章所见，与母亲的关系是影响女性与其他女性竞争关系的关键因素。

因此，在职场中，母亲的影子也常常显现。此类问题的专家安妮克·乌埃尔，现任里昂第二大学的社会心理学名誉教授，与阿尔多·纳乌里一样，都认为有女性上司时，女性员工会重现她们与母性权威之间的关系。

她们可能会忍受同事或上司的某些侮辱，但会根据与母亲的关系来解读女性权威的每一种行为。遇到不和时，她们甚至寻求男性的帮助，认为这样更容易解决问题。

> 因此，女性在职场中的人际关系模式受到了破坏，这种破坏有时是无意识的，而且通常是被动产生的。女性更倾向于从情感角度分析人际关系，她们并非生来如此，这是社会环境和经验作用的结果。她们从小便学会了重视人际关系的质量，以心理视角观察世界。因此，她们在工作中对事物的体验可能过于激烈。她们可能会说"我的老板不喜欢我"，而男性则不会这样想。男性更倾向于从等级逻辑和系统逻辑出发，而不是从情感角度看待问题。

有些女性难以接受其他女性占据了那些往往属于男性的权威地位。她们可能会对那些取得了她们梦寐以求的地位的女性上司感到羡慕、嫉妒甚至恨。因为当某个女性取得成功时，其他女性可能会对比自己的现状，从而产生一种不满或挫败的感觉。

安妮克·乌埃尔从母女关系及其矛盾性的角度分析了这些关系。她在这些关系中看到了"好母亲"和"坏母亲"的形象。这位心理学家采访了许多在管理岗位上的女性，分析了她们的语言。这些女性往往使用带有母性色彩的词汇，如"女孩们"和"孩子们"等。因此，女性员工发现自己处于新母亲的权威之下，重温了"母亲的全能"，并被侵入性的上司视为婴儿，失去了权力。

巴黎第十三大学的社会心理学教授、心理学家帕斯卡尔·莫利尼耶（Pascale Molinier）在医院进行了一项研究。她观察到，"护士在工作时对学生说的那些贬损话语，学生们即使过了很久也仍然记忆深刻，尤其是当这些话体现出母亲对女孩身体的控制时，例如'小姐，请用除臭剂'"。莫利尼耶还发现，护士们似乎更能适应男性外科医生的强硬态度，而对女性外科医生的同样态度却感到更难以接受。她认为，即便是无意识中流露出的性别魅力，也能在男女之间的社交互动中发挥缓解紧张关系的作用。

摆脱母亲的控制，在工作场所寻找母亲形象可能是一种痛苦的经历，这很有可能会唤起童年或青春期的不愉快回忆，引发内心深处的不安和冲突。面对这种情况，32岁的法律助理贝琳达感到迷失，她的身心也因此受到伤害。

"四年前,我加入了一家新的律师事务所。刚开始时,我听说了很多关于理想的工作条件、友好的老板和高效友善的员工的事情。最初几周简直像做梦一样。他们为我的到来举行了庆祝活动,我努力工作,而我的上司也表达了他们的感激之情;我以为自己找到了天堂。"

"我到新单位工作两个月后,一位律师休病假回来了。她给我安排了双倍的工作量,让我管理她的日程和档案,为她撰写总结。工作要求很高,但我还是微笑着接受了,告诉自己这是在学习。最重要的是,她对我像妈妈一样,每天早上都会给我带来羊角面包,用雷鸣般的声音问候:'孩子们,你们好吗?'但随后,她开始对我颐指气使:虽然没有恶毒的话语,脸上总带着灿烂的笑容。然后是充满笑容的电子邮件,配上大量表情符号,或者打一个'晚安'再配上两个眨眼的表情,接着要求我在晚上8点前提交长达40页的报告,尽管我告诉她那天是我的结婚纪念日……我还是咬牙坚持了下来。有一次,她组织了一个派对。第二天,大家都聚在一起喝咖啡,兴高采烈地谈论着派对。然后她转过身对我说:'对不起,我忘了通知你!'所有人都知道,这不可能是疏忽。她继续排挤我,多次犯一些职场上的低级错误,如忘记带文件或错过约会,每次都把责任推到我头上:'因为如果是我的助理犯的错误,就没那么严重,我们是一家人,我们互相帮助,你明白吗?'她总是这样说,把自己描述成受害者,同时对我赞不绝口,还送我自制的小蛋糕。"

"这一年来,我经历了不少屈辱,体重下降得厉害,失眠,疯狂质疑自己,常常心跳过速。在受到排挤之后,我去见了老板,但没想到的是,老板也是同谋:'你想怎样,她是个出色的律师,我不能没有她!'于是我递交了辞呈。然后,我给那位折磨我的人发了一封邮件,抄送给整个事务所,感谢她在截止日期最后一刻'拜托'我提供文件,感谢她每天早上'请'我喝的咖啡,感谢她'管理'日程的方式,最重要的是,感谢她提出的所有'合理的'人际关系建议,每一句都附上爱心。一个月后,我加入了另一家公司,这里一切都非常高效,也很人性化,没有一个女性把自己当成我的母亲。我已经很难摆脱自己的母亲了,所以我不需要一个替代者。"

至于那些管理其他女性的女性,她们也在努力寻找平衡:既不扮演母亲,也不是女性朋友,她们需要适度的权威和同情。她们难免会面临矛盾的指责:如果过于专制,她们就会被指责为站在男性一方的"敌人";如果过于温柔,她们就会被视为缺乏领导力。幸运的是,她们中的许多人都能找到自己的行事方式,不会被过

度解读、分析或评判。她们能够展现出自己的专业性和人性，努力保持平衡。我们将在下一章见到她们。

看到女性在职场中的这些表现，既让人害怕又让人欣慰。害怕是因为我们总希望以最佳方式表现自己，而这些厌女的女性的态度让我们不敢模仿。而令人欣慰的是，女性的行为并不总是为了博得男性的赞赏。安妮克·乌埃尔认为这种观点很可笑：大多数女性在工作中的竞争并非为了"吸引男性的注意或爱"，而男性则会因此感到安心。

沉迷于竞争游戏

45岁的让娜是一名的摄影师，她在一个意想不到的环境和背景下遭遇了女性间的竞争。

"一个朋友的妻子曾是一所临终关怀机构的志愿者，她有次跟我分享了她的经历。那时我在国外，听了她的故事后，我对自己说，如果有一天我回到法国，也想做这样的志愿工作，因为死亡对我来说是终极挑战，既让我恐惧又让我着迷。"

"所以两年后我回到法国，就申请了这个慈善机构的志愿工作，并希望自己能胜任。招聘过程让人放心，需要提交简历、求职信，进行两次面试，一次是和医院的心理学家，一次是和机构负责人。心理学家确认我最近没有经历过任何创伤性丧亲之痛。而机构负责人是个非常有趣、直率的女性，虽然不算热情，但她的专业精神让我安心，消除了我所有的疑虑。"

"在接下来的几周和几个月里，我发现她是个性格复杂的人。她管理着120名志愿者，有着严格的时间表、培训要求、强制性的讨论小组和心理学家的督导，整个组织运作得就像一家公司。我刚开始做这个志愿工作时，感觉心理压力很大，有时还需要精神上的慰藉，所以我一直希望得到这位女士的支持。但她的态度变化无常，有时候很亲切，有时却完全不理我，不听我说话，她可以亲热地和别人打招呼，却视我如空气。她对我越是漠不关心，我就越是渴望得到她的认可。我全心投入工作，得到了护理人员的赞赏，在会议上也积极发言。"

"实际上，她经常把我派到最前线，但从未给我任何认可。她对我越是冷淡，我的心情就越是低落。她自己不计工时，但又专制，甚至让一些人因此辞职。有几次我因为迟到两分钟而被她怒视，这对我造成了很大的心理伤害。我开始一天的工作时心里就像有块大石头。但偶尔她又会对我说一些和蔼的话，让我惊讶，接着又变得粗暴。有一次，在一个保密的场合，我和心理学家以及一个讨论小组谈了这个问题，这一次的聊天让我豁然开朗。我坦白了对这位女士的不满，说我不明白为什么她对我这么苛刻，但她却可以对其他志愿者那么友善。讨论小组的人统一对我说：'让娜，难道你没意识到她是在嫉妒你吗？你有一个响亮的名字，有杰出的成就，你有她羡慕的身材，就这么简单。'"

"心理学家告诉我，我必须停止不惜一切代价去取悦她，我必须接受她不喜欢我的事实，我必须忍受她对我的不认可，这是她的问题，不是我的。然后她还建议我和她谈谈，告诉她她的态度伤害了我，让我感到不舒服。其他志愿者的话抚慰了我的自尊心。我虽然没敢面对她，但第二天她给我发了封邮件，邀请我下周去一所中学演讲。我拒绝了，只说我没空。她的态度不再让我伤心。几个月后，我离开了那个机构，并邀请所有前同事参加我的摄影展开幕式，她却在我不在的时候去了画廊，从未告诉我她的想法。"

"她比我大 15 岁，我怎么也想不到她会嫉妒我。她虽然身材并不纤细，但看起来很自信，似乎并不在意时尚和外表。但最重要的是，从事姑息治疗和慈善活动的人本应无私奉献，忘记自己的出身、长相或财富来帮助他人，但她却沉迷于这些竞争游戏中，这对我来说完全没有意义。"

就像让娜一样，试图理解为什么有人将你视为竞争对手，这一行为往往没有意义。其实有时，只需要几句话就能消除误解。但我们常常被固有的思维模式所束缚，难以打破这种竞争关系。

在凯瑟琳·斯托克特（Kathryn Stockett）的小说《相助》(*The Help*)中，斯基特小姐这个角色因为拒绝实行种族隔离，渴望成为不被婚姻所缚的职业女性，而受到了年轻社交女孩的排斥。她不得不同意去和一个男孩约会，也只是为了重新融入这个群体。但如果她再次表现出与众不同、自由的样貌，针对她的整个暴力机制就会被重新启动。

对颠覆传统的恐惧

敢于挑战传统的女性不仅面临着男性的反对，有时甚至还会遭到其他女性的反感。

回想起最初敢于穿长裤的女性，她们当时被认为是挑战父权制的异装癖者。时装史学家丹尼斯·布鲁纳（Denis Bruna）提到了一个例子，1800年11月7日，巴黎警察局长发出了一项法令，要求那些想穿男装的女性必须向警察局申请"变装许可"，并提供医疗或职业上的具体理由。值得注意的是，反对这种变革的不仅仅是男性，一些女性也很可能因为墨守成规和对变革的恐惧，站在了她们丈夫的一边。

在宗教领域，重新审视传统同样不是件容易的事。德尔菲娜·霍维勒（Delphine Horvilleur），作为最早的女性拉比[①]之一，亲身经历了这一点。

"早年最让我感到不安的，是那些最恶毒的反对意见往往来自女性。最强烈地抵制提升女性地位、反对她们担任传统上男性专属职务的声音，竟来自女性自己。在某种程度上，这些女性成了传统的守护者。所有宗教传统几乎都是这样。在现实生活中，有些女性被告知'这不是你能掌握的领域'。因此，当其他女性获得政治职位或在宗教等级制度中获得权力时，这就从根本上挑战了她们被赋予的角色。不过如今，我感觉到这种阻力正在减少。"

变革总是让人感到恐惧，但社会在不断进步。现在，女性已经在权力、宗教和政治的各个领域占据了一席之地。支持她们无疑是一种解放，也有助于确保某种形式的自由。

政治和商业领域的特例

在政治特例中，有时候坦率和直接的态度足以化解竞争。在

[①] 犹太教经师或神职人员。

政界，性别歧视依然盛行，人们常常以外貌、衣着和声音来评判女性。法国政治家、法国社会党党员塞戈莱纳·霍雅乐（Ségolène Royal）不得不把自己的声音变得低沉，显得更可靠。但是，如果还要躲避其他女性的攻击，情况就会变得更加复杂。

我们询问了巴黎第八区负责学校事务的议员德尔菲娜·马拉夏尔·德雷斯（Delphine Malachard des Reyssiers），她在职业生涯中是否经历过与其他女性的竞争。

> 她回答说："我成为巴黎议员的经历要归功于一位女性，她是第八区区长让娜·德·豪特赛尔（Jeanne d'Hauteserre）。我在费内隆中学的演讲比赛中认识了她。那时候，作为市长的她向决赛选手颁发巴黎市奖章，而我是评委老师。后来，多亏她的一个朋友，我见了她一两次，她就邀请我加入她的团队。她是一个言出必行的女人，她对政治的态度，她的言行举止，让我真正认识到了自己。她也是一个非常直率的女人，这样可以节省时间。我知道第八区非常重要：这里有爱丽舍宫、内政部、香榭丽舍大街、二十七个大使馆和凯旋门。我知道政治是一个非常暴力的领域。我曾被警告过，作为一名女性，人们不仅会根据你的想法，还会根据你的长相、声音和穿着打扮来评判你。"
>
> "我从小就对麸质过敏，腿上还长过斑，所以直到

十六七岁才敢穿裙子。我一直有很好的女性朋友，但我和男孩子在一起才更自在，因为我发现他们不那么拘谨，和他们相处也更轻松。后来我参加了骑马比赛，还练了15年空手道，所以我周围都是男孩子，我也形成了和他们一样的行为习惯。我并不讨厌女孩，但有时我会听到她们在背后议论我，于是我会上前问她们有什么问题，她们会说：'不，没什么'，这让我很生气——我讨厌这种区别对待。"

德尔菲娜在政治生涯中遇到的挑战并不仅限于男性的竞争，她也面临来自其他女性的嫉妒和不满。她说："我遇到过一些表现出嫉妒的女人。我通常用微笑和幽默来应对这些情况。如果事情变得过分，我会尝试去谈论问题所在。我遇到过两次这样的情况：第一次，我用幽默制止了它；第二次，周围的人帮我解决了问题。"

她继续描述了在政治生活中的体验："当你从政时，你会结识许多新朋友。但事情不顺利时，你会听到人们幸灾乐祸地说：'你经历的事情太可怕了，一定很艰难，可怜的人！'当然，这种言论可能来自男性，但大多数时候却来自女性。对此，我没有任何答案，这无法解释。但如果我很瘦，人们就会责怪你太高或太瘦。那是因为我容易过敏，不能吃我想吃的东西。我不会一直为自己辩解。"

德尔菲娜·马拉夏尔·德雷斯的生活态度积极向上："我总是把杯子看作半满，我到一个地方时会与他人打招呼，我倾向于微笑。如果我的活力和热情惹恼了某些人，那不是我的问题。我认为我8岁时因为麸质不耐受差点丧命的经历，让我变得非常积极，但也让我感觉与众不同：无论我走到哪里，我总是感觉自己与众不同。"

在谈到如何处理女性间的竞争时，她强调自己采取了非对抗性的方法："我用幽默的方式化解冲突和竞争，谈论问题所在，避免采取消极攻击的态度，这在女性之间是重要的。我从小就被教育要有健康的竞争观念，即被嫉妒是别人的问题，而不是自己的问题。"

弗朗索瓦丝·德·帕纳菲欧（Françoise de Panafieu），人民运动联盟巴黎议员，也表达了对女性团结的看法："我从不嘲笑大女子主义的言论，我会代表不敢为自己辩护的年轻同事做出回应。"

在政治和商业领域，重要的是要利用自己的能力去支持女性同事，让她们的声音被听到。这正是美国所提倡的"放大技巧"，旨在提升女性在会议中的话语权。这个方法很简单：**你只需接过并重复女性同事提出的观点，这样她们的声音就能被更清晰地听到。**这种方法不仅是传递声音的工具，也是对抗性别歧视偏见的有力支持。语言学家基兰·斯奈德

> （Kieran Snyder）的研究显示，在科技行业，男性打断同事的频率是女性的两倍，而女性在打断对话时，通常更有可能打断另一位女性的，而不是男性的。所以，放大技巧万岁！

在男性为大多数的行业中

当你属于某个少数群体时，女性间的竞争似乎会有所减少。这就解释了为什么在某些公司中，作为少数群体的女性，往往因为缺乏女同事的支持而受到伤害。

25岁的安佳丽在美国一所著名大学学习工程学，毕业后不久被一家数字巨头公司录用。起初，她所在部门的女同事对她不太友好，甚至在她提出一些初级问题时翻白眼。但随着时间的推移，面对以男性为主的团队所表现的花言巧语和性别歧视的玩笑，安佳丽的尖锐回应赢得了同事们的支持，她们与她的关系变得更加亲近，她们也意识到了团结的重要性。

安佳丽说："在我加入之前，所有不受欢迎的任务都分配给了女同事，而她们似乎对此无动于衷。但当我们团结一致向老板抗议时，一切都改变了。现在，我们敢于直面性别歧视行为，分享我们的经验，我们甚至加入了以前只默许男性参加的俱乐部。结果，我和女同事们的关系变得更加融洽，工作气氛也变得更好了。"

批评永远存在

美国作家、博客作者和小说家卡罗琳·卡拉·多诺弗里奥（Caroline Cala Donofrio）每周都会在她的社交账号上分享她对人际关系、工作、写作及其他社会活动的见解。在2021年12月，她讲述了一段她与网络喷子（一种网络俚语，指那些希望攻击你的内容或你本人的人）抗争的惊人经历。她的文章标题是："识别你的喷子"。卡罗琳解释说，她的读者群从几个熟悉的人增加到数百个陌生人时，她开始遭遇麻烦：

> "每次我分享一篇文章，在内容发布两分钟后，就会出现许多侮辱性的评论。有时候是一条，有时候是一大堆，比如'可悲的作家''她努力过头了''糟糕的文笔'等。"

这些粗鲁的评论让卡罗琳感到受伤，导致她在四年时间里放弃了个人写作，只满足于为杂志和品牌工作，接受委托。她说："喷子：1，卡罗琳：0。"

但现在,她决定写一篇文章控诉这种现象:

"网络喷子可以隐藏在匿名的掩护下,但网络上没有什么是真正匿名的。我决定深入我的博客后台,寻找那些喷子的 IP 地址。很快就发现了一个明显的模式。这些评论大部分都来自同一个无情的喷子。最让人惊讶的是,这个人我认识。我在想,这个女孩为什么这么讨厌我?我做了什么让她如此愤怒?我理智的一面告诉我,这些评论更多地反映了喷子自己,而不是我。所以我也就不再计较了。"

我们询问卡罗琳,当她发现这些充满仇恨的评论来自女性时,她的感受如何,有何应对建议。

"对我来说,这是一种心碎的感觉。这并不是因为我个人,我没有因此流泪,也没有把这些话内化,甚至对那些喷子的评论都不怎么在意。但网络上的煽动行为,不管是针对我还是针对其他人,都令人不安。对我而言,有人对另一个完全陌生的人发表尖酸刻薄或虚假的言论,简直难以置信。一个女人故意伤害另一个女人的想法尤其令人不安。我并不惊讶于女性喷子的存在,因为我的读者 97% 都是女性。然而,从理性的角度来看,我还是觉得难以理解。

为什么会有人这么做？作为一个共情力很强的人，这对我来说始终无法理解。"

"我曾采访过众多才华横溢的女性，为她们撰写文章和书籍，这让我感到非常荣幸。她们会跟我分享自己在竞争中的感受，特别是那些处在演艺界、职业体育或其他备受关注的领域的公众人物。在她们的职业生涯中，竞争似乎不可避免，因为她们都在为角色、奖项或头衔而努力。"

"然而，我注意到，经常谈论竞争的通常是年轻女性。而年长女性在回顾自己的生活和职业道路时，更多的是为其他女性辩护。随着时间的推移和视野的拓宽，她们不再将其他女性视为威胁，而是将她们看作盟友。"

"随着年龄的增长，我也开始逐渐理解姐妹情谊的重要性，发现自我在决策中的作用变得不那么重要。当然，我仍希望自己能够取得成功，但我现在更加明白，更重要的是在更广阔的领域取得进步——我希望所有女性都能在文化、商业和政治领域取得显著成就。只要我们作为一个集体前进，无论我自己或其他女性是否取得个人成功或荣誉都不那么重要了。我们所有人的最终愿望，是让这个世界变得更加美好。"

"对于那些在 20 世纪 80 至 90 年代，直至 21 世纪初成长起来的人，流行文化往往呈现了一种年轻女性之间总是在竞争的样貌。电影《贱女孩》(Mean Girls)就是其中一个,在这些影视作品中,女性间的互相针对常被描绘成日常现象。然而,我对未来抱有不同的期望。我希望我们的下一代能见证一个不同的世界,在这个世界里,女性学会互相赞赏对方的成就,彼此鼓励对方的努力。我期待在未来的生活中,自负的态度会逐渐减少,而团队合作的精神会越来越盛行。"

"对于那些遭受网络喷子攻击的人,我建议的是放宽视野,看到更大的世界。如果有人无缘无故地发表评论或恶语,这更多地反映了他们自身的问题,而它对你的影响实际上很小。遇到这样的情况时,不要犹豫,采取行动,无论是删除、举报、屏蔽恶意评论,还是向信任的人倾诉这段经历,都十分可行。虽然喷子的观点可能狭隘,他们的人际交往能力可能有所欠缺,但这并不意味着你也要受其影响。为自己和自己的作品在这个世界上找到一席之地是勇敢且值得称赞的事情,绝不能被忽视。"

批评永远存在。对于那些 30 岁以下的成功女性、50 岁以下就有权有势的女性,社会对她们的赞美从未停止。但在工作和爱情方面,我们每个人都有自己的时间表和节奏。

我们走的路各不相同，我们拥有的时间也各不相同。与一位实现了我们一年、两年甚至十年前职业梦想的女性竞争毫无意义。**生活不是一场竞赛，而是一种体验，在这种体验中，价值不能简单地被量化为数字**。就如卡罗琳的座右铭所说的："生活不是竞赛，而是派对。想什么时候加入就什么时候加入！"

女性之间的
隐秘战争

EN FINIR AVEC
LA RIVALITÉ
FÉMININE

第 6 章
女性团结与姐妹情谊

> 在这个荒诞的宇宙里,唯一不荒谬的,
> 就是我们能为他人所做的事情。
>
> 安德烈·马尔罗[①]

承认自己的敌意

谈到团结与姐妹情谊,我们得先从自身做起。首先要认识到,我们也会感受到竞争。美国作家苏珊·夏皮罗·巴拉什对女性间的关系做了深入分析,强调了进行这种自我批评的必要性。

> 首先,我们必须意识到问题的存在。例如,当朋友告诉我们她订婚了、怀孕了、她的孩子被哈佛大学录取了,

[①] 法国小说家、评论家,1901 年出生在巴黎,由 3 位女性,即外祖母、离异的母亲和姨母抚养成人。

或者发生了其他让我们觉得她实现了自己尚未实现的目标时，我们需要停止心中的不满和嫉妒。我们应该反思自己的生活，然后想："她做到了，那我呢？我要继续努力，但这不是因为她成功了，而是因为我想去做。"这不仅是嘴上说说而已。我们必须结束彼此之间的对抗和比较。

我们也要承认自己有时也会做出一些不光彩的事情，比如对其他女性怀有敌意。例如我们会下意识地说："她打了很多肉毒杆菌，是不是？"我们为何会不自觉地说出这些话呢？可能是为了显得自己风趣，或是因为对自己的体重不满，又或者是想对自己的外貌感到安心。大多数批评其实源于我们自己的不安全感和我们已经内化的想法。

正如女性主义哲学家和作家贝尔·胡克斯（Bell Hooks）所说，我们被灌输了一种思想，认为与其他女性建立关系会削弱我们，而不是为我们的经历增色添彩。我们被告知，女性是我们天生的敌人，女性之间不可能有团结，因为我们不懂得如何靠近彼此，我们不应该这么做，也做不到这一点。如果我们想发起一个可持续的的女性权益运动，就必须摒弃这些想法。我们需要学会在生活和工作中团结一致，了解姐妹情谊的真正含义和价值。

决定永远站在女性的一边

有些女性在倡导女性团结这个问题上已经走在了前列。

一大早,在一列开往南方的火车上,我们坐在两位年轻女性的后面,二人显然是同事。她们在为与一个客户的会面做准备,商量着就她们的发言达成一致。其中一位拿出她的最新款手机,开始找一张照片。

"哎,我男人说得对,我真是笨手笨脚,根本就不应该买这么高级的手机!我弄不懂这个功能该怎么设置,也不知道怎么更换这张照片……"

"把手机给我!"她的同事回应道。她迅速操作几下,解决了问题,把手机还给第一个女人,说:"现在,请你给那个笨蛋男人发张照片吧!这就是他所谓的'笨手笨脚',真是的!"

这句话让我们忍俊不禁。我们还听到了其他的小故事。

在中学时,索菲在娜塔莎的牛仔裤上看到了血迹。她递给娜塔莎一个卫生巾,并把自己的毛衣给了娜塔莎:"这个,你可以绑在腰间,明天还给我。"

二十年后,这两个女孩回忆起这件事,仍然感慨万分,这件小事奠定了她们的友谊。

在操场上，三个男孩嘲笑二年级的艾尔莎，就因为她最近开始戴眼镜。"怎么样，四眼？"爱丽丝不和艾尔莎同班，但当她看到男孩们欺负这个小女孩时，作为五年级的大姐姐，她还是站了出来："去别的地方玩去吧，小孩，三个人欺负一个人，真是不害臊啊……对了，我喜欢你的眼镜！"这让艾尔莎感到安心。她记住了这个小故事，决定永远站在其他女孩的一边。

这些例子温暖人心。就这样，女性之间的团结逐渐形成，我们意识到自己属于同一个家族，同一个部落。

但什么是团结呢？词典告诉我们，"这是一种人与人之间的关系，涉及相互帮助的道德义务"。根据现代社会学的奠基人之一埃米尔·杜尔凯姆（Selon Émile Durkheim）的说法，团结的概念基于连接一个群体成员的社会联系，尽管这些成员的社会职能不同，他们也可以相互补充。当这种联系发生在女性之间时，它模糊了地理界限，平等化社会文化背景，探讨我们内心深处的根本问题：女性是什么？从本质上讲，女性是一种能够怀孕并生育的雌性生物。社会的发展则拓宽了这一生物学视角，拒绝了对性别、性和性取向的二元化处理。

尽管如此，女性之间的团结也可以通过一种独特的联系来定义，我们甚至可以期许，女性间的话题能够超越分娩这一古老秘密，更多地分享那些充满动荡、冲击以及被忽视的经历。在这方面，也有一些开创性的例子。

妇女之岛：危机让我们携手共进

万桑岛（L'île d'Ouessant，也称"韦桑岛"），位于布列塔尼大陆的西部，曾经被称为"女人岛"。岛上，渔夫的妻子们互相帮助，因为她们的丈夫和父亲经常长时间在海上，不在家中。历史学家指出，万桑岛的妇女们才是家庭中真正的主人，她们在田间劳作，互相帮助，彼此依赖，直到 20 世纪中叶，她们构成了一个几乎是母系社会的社区。这一传统延续至今，在这些岛上，妇女间的关系仍充满了浓厚的团结情感。

如今，当女性注意到同性面临的危机时——无论她们是否置身于同样境地，还是因这种情况感到痛苦——她们会表现出一种特殊的共情，在这方面有很多例子。

37 岁的律师克里斯汀向我们证实了这一点。

"我有两个孩子在上小学，但去年我忙得像个疯子。可以说，那些在学校组织茶话会和睡衣派对的妈妈们几乎不怎么和我说话。我有时会收到这样的留言：'既然你总是不在，我想这张圣诞节演出的照片可能会让你感兴趣……'，这只会让我感到更加内疚。但我热爱我的工作，我刚成为合伙人，所以我不在乎她们的道德说教。然后，出乎意料地，我的丈夫离开了我，去和他的一名女学生在一起。他留下公寓和孩子们的抚养权，而之前，他作为教授，工作之外花了很多时间照顾孩子。我真的没有时间去自怜，我在工作和我作为单身母亲的新角色之间挣扎。我当然通知了学校，我的孩子们也一定和他们的朋友谈论了这件事。"

"就这样，几乎在我不知不觉中，一条团结的链条形成了。我既没有奢望什么也没有心情去拒绝，但其他妈妈们给我带来晚餐，邀请我的孩子们在放学后去参加茶话会和学习小组，向我提供各种帮助，而不求任何回报。因此，我的孩子们发现他们的新生活相当愉快，甚至比我想象的更加坚强地度过了这一时期。这既温柔又感人。至于我，我很快就恢复了状态，学会了安排自己的时间，利用假期来回报我的新'盟友们'。我明白这不是她们的同情，而是一种共情，一种展示女性团结的美丽示范。"

从外部看来，克里斯汀勇敢而自信地兼顾了她作为已婚妇女、母亲和职业女性的三重身份。她的完美表现可能会让学校其他妈妈们感到不足，让她们"幸灾乐祸"。但当克里斯汀遇到困难时，其他女性自然而然地站出来支持她。

当我们处于困境中时，这种反应相当常见。我们从小被教育要竞争和比较，但一旦遭遇重创，女性也会团结起来，表现出共情。这只是我们人性的证明。这种联系提醒我们，我们都属于一个大家庭，这让我们感到自己是有用的，是活着的。

近年来，社会学词汇"团结"已被"姐妹情谊"这个更具哲学意味的词取代，而"姐妹情谊"这一词汇也迎来了一个真正的挑战。

姐妹情谊（Sororité）：颠覆和创造的力量

> 当我看到她因为侮辱和仇恨，因为那些在人类愚昧的沟渠中腐烂的东西而受伤，我就想要珍惜她，用花朵覆盖她，以驱除黑暗。我们之间，作为姐妹，就是这样做的。

姐妹情谊超越了团结。不仅仅是互助，它是一种理解，一种共享，一种将其他女性视为姐妹的认可。这个词源于拉丁语的"soror"，意为"姐妹"。它最早出现在中世纪，指的是完全由女性组成的宗教社群。

在 19 世纪末至 20 世纪初的美国，也出现了姐妹情谊。在美国大学中，女学生无法加入由男生组成的联谊会，那些是男孩们学习生活和互助的俱乐部，所以她们创建了自己的姐妹会，像男性一样使用希腊字母来命名。

在 1970 年代，美国女性主义诗人、纽约激进女性组织的创始成员罗宾·摩根（Robin Morgan）出版了一本选集《姐妹情谊是强大的》(Sisterhood is Powerful)，该选集催生了女性运动，在随后的几十年里，其口号在女权主义示威中不断涌现。

在法国，这个词最近才开始被使用。"姐妹情谊"一词在一场选举演讲中以一种新颖的方式出现，自此深入人心。法国社会党籍的国会议员、总统候选人塞格琳·罗亚尔（Ségolène Royal）发表了一次演讲，谈论她打算推行的女性政策，其中就提到了"姐妹情谊"，她提醒大家这个词还没有得到认可：

> "我呼吁母亲们、女儿们共同努力，推进变革，最终改变我们的生活。我们有很多理由去认可差异中的平等。如果姐妹情谊这个词被接受，我想说的是，当我们谈论自由、平等、博爱时，就是在谈论姐妹情谊。"

巴黎东部克雷泰大学教育科学领域的副教授、克雷泰国家高等教育学院（INSPE）利弗里·加尔甘校区的贝伦热尔·科利（Bérengère Kolly）是研究教育问题的专家。这种"忽视"姐妹情谊的现象让她感到疑惑，特别是当这种女性概念竟然能被全能的博爱概念（男性总是占据主导）所吞没时。错误地命名事物，难道不是在增加世界的不幸吗？

第 6 章　女性团结与姐妹情谊

科利回顾了过去四十年的历史和哲学研究，她指出了在政治、现实和象征层面上姐妹模式的缺失：她们没有模范，只有将她们排除在外的兄弟模式。

> 西蒙娜·德·波伏娃（Simone de Beauvoir）在《第二性》（*Le Deuxième Sexe*）中断言，女性不说"我们"，这正是缺乏姐妹情谊的一个症状。在姐妹之间，提到博爱就等于承认女性无力形成联系，一个普遍，甚至全球化的联系。
>
> 如果需要仔细研究博爱的男性特质，那么同样需要研究女性之间缺乏姐妹情谊的现象。因此，有必要超越对于普遍性的表面提及：一方面，为了理解博爱一侧的等级和排他机制；另一方面，为了理解姐妹情谊的真正意义。
>
> 因此，是在与博爱的联系中，姐妹情谊找到了它的初衷，彻底质疑了既普遍又排他的兄弟情谊表达。
>
> 由此，姐妹情谊在其表述中找到了颠覆的力量，也许还有创造的力量，承诺了一种思考男女关系和性别间关系的新方式。姐妹情谊因此教会我们在政治、现实和象征层面上，关于女性间关系的丰富性和必要性——这还有待于被描述和探索。

姐妹情谊的表述具有颠覆性和创造性的力量，它或许能够以另一种方式来思考男人之间、女人之间以及两性之间的关系。姐妹情谊告诉我们，对政治性的、现实的和象征性的女性关系——一种尚待描述和探索的东西——进行审视是富有成果的，也是必要的。

贝古因社团：曾经的自由飞地

在 12 世纪末的北欧，因丈夫参加十字军东征而寡居的女性和一些单身女性聚集组成的世俗社团被称为"贝古因社团"。贝古因女性都是自由妇女，她们祈祷、过俭朴的生活，她们大多没有参与修道院式的誓言。她们的基本准则是互助。

阿琳·基内尔（Aline Kiner）是《贝古因之夜》（*La Nuit des béguines*）的作者，她在小说中着重描绘了这个标新立异的社区。她讲述道："这些女性在中世纪获得了几乎完全的独立。她们既不受男性权威的制约，也不受教会的权威束缚。法国国王为她们在巴黎的马雷区建立了大型贝古因社区，在这个不受任何领主统治的地区，她们可免受其他形式的奴役。"

"这些女性完全自由地行事。她们将圣经和其他宗教文本翻译成通俗法语，并在她们的学校中教授这些知识。对于世俗人来说这具有非凡的意义，对于女性而言更是如此。因为宗教一直是男性的领域，而不是女性的。"

但贝古因女性由于过度自由最终激怒了教会，甚至被处以火刑。1311 年，这一运动也被认定为异端，受到了更加严格的限制，到 1470 年贝古因女性逐渐消失。只有在比利时的贝古因女性加入了教会，保持她们所珍视的团结精神，一直持续到 19 世纪末。

#MeToo 运动远未结束

2017 年的 #MeToo 运动推动了姐妹情谊概念的普及。曾经遭受难以言喻的暴力、感到孤独、感到被忽视、感到格格不入，甚至感到羞耻的女性们，通过一个话题标签打破了沉默。原本私密的事情变成了普遍的议题，这在以往非常罕见，这些议题构建并连接了女性。

从那时起，我们开始探讨姐妹情谊，并尝试赋予这个词以实质内容。我们现在意识到，这场革命不仅揭露了父权统治的社会机制，同样重要的是，揭露并纠正女性之间的不当竞争。

2019 年 2 月，欧洲生态绿党前成员丹尼斯·鲍平（Denis Baupin）以诽谤罪起诉媒体。他被指控性骚扰和性侵犯多名女性。前生态部长塞西尔·迪弗洛特（Cécile Duflot）在法庭上做证。她指控鲍平于 2008 年在巴西对她进行了侵犯，并对自己在政治环境中养成的"忍耐能力"表示遗憾，因为这使她对其他女性的感受变得不太敏感。

她现在声称这是她作为女性的"责任"："我毫不怀疑那些发声

的女性说的是真相。现在这一切都被揭露了，在我们之后的女孩不仅会承担她们在政府中的责任，而且她们无需再忍受这些事情。"

贝伦热尔·科利这样分析 #MeToo 运动：

> "#MeToo 运动让我们想起了过往的经历，会让我们有'我也遭遇过这样的事'的想法。这是一种镜像效应：通过其他'姐妹'的经历，我也看到了自己的故事。这还是一种多元化的联合，一个贯穿不同社会阶层、不同归属的运动……姐妹情谊表明了这样一个事实，即存在着一种被称为男性统治的压迫，这种压迫影响着所有女性。"

这种在多元化背景下的联合并不容易实现。像贝伦热尔·科利一样，致力于加强女性解放能力的 Georgette Sand 联盟也批评称，女性缺乏能让她们团结一致的榜样：

> "这样的例子罕见，而且女性之间从未有像蝙蝠侠和罗宾或丁丁和阿道克船长[①]等男性伙伴之间这样神话级别的友谊。在小说中，女性互动大多离不开嫉妒和竞争。灰姑娘受到邪恶继姐的虐待，安妮·海瑟薇饰演的时尚助理在《穿普拉达的女王》中受到由梅丽尔·斯特里普饰演的

---

① 美国和法国漫画中的卡通角色。

'暴君'总监的欺凌。当人们谈论'女性团结'时,主要是为了贬低它。而当塞格琳·罗亚尔在 2007 年谈论姐妹情谊时,人们嘲笑她。她又是从哪里找来的荒唐生造词汇?"

#MeToo 运动远未结束。它始于电影界,随后扩展至其他领域,不断放大那些长期被压抑的女性声音。从沉默的忍耐到坚定的发声,这是由逆境中诞生的力量。这是姐妹情谊涌现的沃土。

但当事件热度不再,我们该如何理解姐妹情谊?在战场之外,我们该如何简单地为她们提供帮助?当一个人认为最好不要激起其他女性的嫉妒时,她该如何认可自己的成功?

对于女性来说,能够持续暴露在聚光灯下为同性争取权利其实十分困难。

拥抱她们的成功

娜塔莉·罗斯(Nathalie Roos)不断为获得权力和荣誉而奋斗。作为多家公司(包括玛氏、欧莱雅、贝尔)的董事和董事会成员,同时还是"法国荣誉军团骑士"勋章的获得者,她认为成功是值得拥抱的。她认为竞争不仅是女性之间的问题,但她指出,如果人们感觉到潜在的竞争,他们就不太可能表现出团结。

"有些人表面上看似是你的朋友,却从不给你提供支持;有些人在你遇到困难时陪在你身边,但从不利用他们的人脉来帮助你。还有一些人,除非事情与他们有关,否则不会响应你。还有一些人则完全置身事外。在脸书上,我经常点赞一位非常成功的朋友的帖子,因为我认为获得她的支持很重要。但她从未评论过我的任何帖子,尽管她在领英上有广泛的网络,她的支持可能会让一切变得不同。"

"另一方面,我的一些朋友也表达了他们的看法。一位欧莱雅的前同事写信给我说:我总是看到你对新挑战说'是',就像英国女王所说:保持冷静,继续前进!"

"层次越高,人们的竞争心就越强,表现出的团结倾向就越小:当你总是处于相互对抗的状态时,你就学不会团结。如果缺乏团结的是女性,那就更让人失望,因为在权力领域我们的占比很小,我们应该互相扶持。最糟糕的是那些假装友好却不提拔女性的女性猎头。她们既不愿冒险,也没有进取精神。"

"我不太喜欢'成功'这个概念,我承认的职业经历很丰富,我曾是欧莱雅专业美发产品部总裁,但我对展示我的职业发展道路毫无兴趣。我更喜欢将自己塑造成一个通过对自己负责,进而取得成功的女性典范。我在事业和感情生活中都发挥了自己的潜能,我还能和家人、姐妹们一起在阿尔萨斯生活，管理我父亲的慈善机构。我很幸运能谈论这些，能够为女性提供一个样本，这一点非常重要，尤其是在我多年来一直深受'冒名顶替综合征'[①]影响的情况下。通过成为帮助其他女性向上的榜样，我们可以改变现状。"

"我一致致力于帮助其他女性。如果你始终如一地做这些事，人们就会感受到这一点。看到一个女性成功的故事被展示在众人面前，对其他女性来说是非常有益的。我丈夫给我发来了一篇在阿尔萨斯当地报纸发表的文章，我在阿尔萨斯最受喜爱的人物排行榜上排名第十。我女儿评论道：'妈妈，你怎么看这个排名？'我回答道：'有人会讨厌你，也有人会为你感到高兴。重要的是有一个支持你的群体，而对于其他那些不支持你的人，可以不用太在意。'"

最重要的是，女性要学会拥抱自己的成功，而向女性展示成功不仅仅是男人的专利。

姐妹情谊的真正挑战在于学会为他人的成功感到高兴。《费加罗女性》(*Madame Figaro*)杂志邀请设计师为激励年轻女性的榜样们画一幅肖像。

[①] 也称为顶替现象、骗子综合症，是属于一种特殊的心理模式。在这种心理模式中，人们会怀疑自己的成就，并对自己被揭露为"骗子"有一种持久的内在恐惧。

编舞家布兰卡·李（Blanca Li）参与了这个项目。布兰卡介绍了 28 岁的歌手桑迪亚（Saandia）。

"她用法语或英语写的歌词非常尖锐……与其他蓝调音乐形成鲜明对比，后者往往与现实脱节！她的歌词充满了女性主义和社会意识，但并不激进，能够以积极的方式吸引那些希望影响上一代人思维方式的年轻人……我深信，桑迪亚已经为自己的职业生涯做好了充分的准备，在未来的岁月里，你会经常听到关于她的消息！"

精神分析学家艾尔莎·戈达特（Elsa Godart）认为，这是导师与学徒之间难得而慷慨的交流：

"这一举措值得称赞：提拔他人意味着你能够分享他的成功。我总是将创造力和生育能力相提并论。在这种情况下，它们可以相提并论：这是一种终极的奉献姿态。然后是女性之间的支持：这种支持非常强大，因为女性之间的相互理解无法用言语表达。她们直面大男子主义和父权制。她们共同创造，共同抵抗。"

在这个父权制主导的社会中，女性的力量仍需不断壮大。

第 6 章 女性团结与姐妹情谊

拒绝参与男人的游戏

"我们决心将坚守姐妹情谊作为女性之间的一种行为要求。从现在开始,我们必须抵制内心诱惑,避免诋毁由女性经营的公司,团结起来反抗那些助长男性支配女性的制度。"

为了实现平等,Georgette Sand 联盟呼吁女性将坚守姐妹情谊作为一项基本原则。因为它能激励我们站出来,挑战那些拒绝分享权力或不愿让第二位女性加入公司的男性。这类男性常说:"女性多的地方是非多。" **我们不追随他们的步伐,就是在进行抵抗。我们拒绝参与他们分化与统治的游戏。我们意识到,我们能够掌握自己的命运,拒绝陈旧的说辞,拒绝站在强者这一边。这不仅适用于商业领域,也适用于破除社会和家庭中虚伪的假象。**

卡米耶·弗罗伊德沃-梅特丽(Camille Froidevaux- Metterie)写道:"新自由主义的父权制[①]通过女性之间这种良好运作的竞争机制得以延续,它要求女性将外貌置于一切之上。"她还说:"只有当我们打破彼此间的比较,停止批评另一个女人的身体、外貌,消除我们对另一个女人的恐惧,不再将她视为竞争对手时,我们才能摆脱父权模式,走出阴影。"

[①] 父权制和新自由主义达成了一个完美的不谋而合,伴随着这种新自由资本的伦理价值观,人人都在进行自我规训和强化优绩主义,成功被定义为掌握多大的资本和权力,消费品成了大家的装饰物,使用价值被彻底的异化。

当女性获得权力时,她们的第一反应可能是采取支配一切的态度。正如我们所见,这是一种深层次的、内在的防御机制。我们常常在不了解对方的情况下,就对其进行评判,担心她会破坏我们所拥有的东西,夺走我们的地位或我们享有的感情。我们必须化解这些下意识的联想,克服这种几乎原始的恐惧。如果女性学会分享空间和权力,将机会提供给其他女性,她们就会意识到自己是更大社会项目的一部分,她们可以追求共同的理想。这种理想远超过个人利益。

从匮乏心态转向富足心态

凡妮莎·吉安(Vanessa Djian)是 Daï Daï Films 公司的制片人和总裁,卡洛琳·雷波维奇(Karolyne Leibovici)是 A&K Communication 的公关负责人和总裁,她们是"巴黎女孩互助"(Girls Support Girls Paris)活动的创始人。

为了在一个仍然以男性为主导的环境中崭露头角,她们在女性间架起了桥梁,加入了 50/50 集体(Collectif 50/50)[①],致力于实现性别平等。

但让其他女性站出来并非易事。凡妮莎·吉安坦言:

[①] 法国的 Collectif 50/50 是电影节性别平等条例的主导机构,总部位于巴黎,也是 2018 年戛纳 82 位女性红毯抗议活动的发起者。

第 6 章　女性团结与姐妹情谊

"我常听到一些女性说其他女性的坏话，我也有过这样的行为。尽管我得到了女性的帮助，我热爱女性，但这种想法怎么还是会无处不在呢？因为在我们的文化中，在我们成长的过程中，在我们所接触和阅读的东西中，这种想法根深蒂固，以至于我们必须格外小心。因此，我告诉自己：'不，你不能这么想。'例如，在邀请宾客参加我们的季度晚宴时，卡洛琳会给我一些名单，我会努力思考：'我们不排斥任何人，我们在邀请他人，即使她们彼此并不熟悉，我们也要尽力扩展女性互助的网络。我想要认识她，现在机会来了。'这就是其中的伟大之处。"

我们的目标是通过加强该领域的跨学科性质来加强其专业性，来打破陈规。女性直面质疑让姐妹情谊得以发展壮大。我们已经讨论过"匮乏"与"富足"两个心理学概念。

在一个性别歧视无处不在的环境中，如果对自己的性别缺乏认同，那么团结的力量就会受到限制，吹来的只能是竞争和疏远之风。女性普遍的自我否定见证了一种被社会忽视或被性别歧视偏见强化的无声痛苦，这种痛苦可能导致女性相互蔑视，并通过诉诸暴力来报复这种自我否定。

然而，女性之间的团结确实存在，而且姐妹情谊的建立也能带来意想不到的好处。Meta 公司首席运营官（前 Facebook）谢丽尔·桑德伯格（Sheryl Sandberg）告诉我们，当一名女性在薪酬谈判中支持女性同事时，她自己最终也会获得加薪。

她指出，阻碍女性发展的往往是男性，而当女性互相帮助时，她们在人们心目中的形象却不如男性："一项对 300 多名经理人的研究显示，当男性提倡多元化时，他们得到的绩效评分略高。而当女性管理者推动多元化时，她们的绩效评分却明显较低，甚至被认为是任人唯亲，只是为了自己团队谋利。"

桑德伯格还提醒我们，团结有时会出现在人们最意想不到的地方，尤其是在高层。尽管掌握权势的女性会被贴上"蜂后"的负面标签，而实际上据说她们支持其他女性晋升到高级管理层的次数比人们想象的要多得多。"在董事会决议中，即便其中的女性可能比其他男性职位更高，但除非董事会中有足够的女性成员，否则其他女性不太可能得到晋升。而一旦女性加入董事会，其他女性晋升到管理职位的机会就会更大。"

打破固有的刻板印象并非易事。偏见有一层坚硬的外壳，影响着人们的看法。2022 年国际妇女权利日以 #Breaking Prejudice（打破偏见）为主题，强调了这一点。像谢丽尔·桑德伯格这样的女性不惧怕慷慨：她们的内心富足，不会将他人视为威胁，也不会因害怕单身而向男性投怀送抱，更不会因为不愿看到同事获得晋升而将其毁于一旦。相反，内心不那么强大的女性会削弱女性间的联系，散播不安全感和不信任。如果你坚信自己无法获得足够的资源，总是处于匮乏之中，那么努力又有何意义呢？

《终身成长》（*MINDSET*）的作者卡罗尔·德韦克（Carol Dweck）是斯坦福大学的研究员和心理学家，她提出了一套关于信念和心态的理论。她认为，"固定型心态"是指对事物持有一成不变的看法，与之相对的"成长型心态"则是将挑战和错误视为学习的源泉。她相信，成功的关键之一在于我们如何看待周围的世界和眼前的事物。

她的研究中发现，儿童在成长过程中会形成两种心态：

◎ 固定型心态：在这种心态下，仿佛我们出生时就被赋予了特殊的品质，我们终身都会保持这些品质。一切都一成不变不会让我们开阔眼界，反而会导致我们走向极端，阻碍我们进行反思；

◎ 成长型心态：在这种心态下，恰恰没有什么是一成不变的，一切并非在我们出生时就已成定局，可以重新洗牌，一切都可以通过努力来发展。没有什么是静态的，一切都可以流动，因此一切皆有可能。

当你遇到一个似乎拥有一切并散发着力量的女性，你可能会感到一丝羞耻感，但更重要的是要意识到，这种自我发展的姿态非常有助于我们从匮乏心态转向富足心态。

我们的出发点是，每个人都有自己的空间，没有什么是事先定好的。意识到这一点是与对方建立友好关系的第一步，不要害怕失去，相反，要拥有双赢的意识。以这样的方式，认同自己的性别会变得更容易。

友好的竞争可以扩大"胜利"的总量

富足心态和彼此认同的精神重塑竞争的样貌，鼓励女性以合作来提升自我。谢丽尔·桑德伯格列举了挪威越野滑雪冠军玛丽特·比约根（Marit Bjoergen）和她的年轻对手的例子。两位滑雪运动员都在2014年索契奥运会上赢得了奖牌。但除了奖牌，她们还因相互支持和团结的精神收获荣誉。玛丽特·比约根毫不犹豫地与年轻的特蕾泽·约豪格（Therese Johaug）分享了她的成功。

这种新型竞争方式激发了亚当·格兰特（Adam Grant）的灵感。作为一名作家、组织心理学家和沃顿商学院教授，他的使命是让我们热爱工作。这两位女运动员之间互相竞争又互相帮助的方式吸引了他，因此他在其播客中分享了这一概念，并将其作为应对竞争和实现巅峰表现的最佳方法之一。在他的播客中，他倡导了一种与对手和谐相处的方式，那就是"成为对手的朋友"。这种方法的核心是秉持着建立相互尊重的关系的基本法则，这套法则长期以来一直主导着北欧国家的社会关系和商业世界。

第 6 章　女性团结与姐妹情谊

　　这种处世哲学也被称为詹特法则（Jante's Law）。格兰特接受了这一理念，并对其进行了推论，指出这一思想促使人在帮助他人的同时，也能成为他人的对手。这是一个矛盾体，它让我们能够一起训练，在我们对自己失去信心的时候为彼此打气。特蕾泽·约豪格就是这方面的典型代表，她在谈到玛丽特·比约根时宣称："她给了我极大的自信。因为她，我成了现在站在你们面前的越野滑雪运动员。"

　　格兰特指出，互助和竞争并不一定相互排斥，与对手较量可以增强你的动力。如果能与对手建立互助关系，我们的成绩还能得到进一步的提升。这种合作不应该发生在个人运动中，按照以往的经验，成功就是零和博弈，意味着在严格竞争下，一方的收益必然意味着另一方的损失。但这些精英运动员明白，友好的竞争可以扩大"胜利"的总量，提高你的表现。

詹特法则摘录：

◎ 不要认为自己很特别。

◎ 不要认为自己和别人一样优秀。

◎ 不要认为自己比别人（更广泛的女性群体）聪明
　 或智慧。

- ◎ 不要以为自己比别人强。
- ◎ 不要认为自己比别人了解得更多。
- ◎ 不要以为自己无所不能。
- ◎ 不要嘲笑别人。
- ◎ 不要认为任何人都对你感兴趣或关心你。
- ◎ 不要认为别人都能从你身上学到什么。

慷慨是姐妹情谊的载体

一些女孩已经明白,慷慨是件好事,这是让我们能够学会分享和收获成长的行为。现在在社交媒体上,我们可以看到女孩们互相帮助,为自己的姐妹宣传。她们排除了人际关系中的竞争,相信每个人都有独属于自己的空间:一个人的才能不会威胁到另一个人。

"我们一生中会遇到很多姐妹!而我们团结在一起就是我喜欢的样子!"奥雷利·萨达(Aurélie Saada),一位歌手和导演,总是在社交媒体上分享她的歌手朋友,作家朋友以及演员朋友的动态,时常庆祝她们的成功。在一张照片中,她与童年好友、一位小提琴家和另一位歌手一同出现。她写道:"我是多么幸运,能在生命中拥有你们……姑娘们,我爱你们,你们点燃了我的人生!"

维吉妮亚·格里马尔迪（Virginie Grimaldi）、塞雷娜·朱利亚诺（Serena Giuliano）、索菲·鲁维埃·亨里奥内特（Sophie Rouvier Henrionnet）和辛西娅·卡夫卡（Cynthia Kafka）是四位成功的小说家，也是朋友。她们之间没有竞争，相反，她们会通过社交媒体相互支持。当其中一人推出新书时，其他三人都会帮忙宣传，有时甚至会一起参与签名售书活动。自2015年以来，她们每年都会在固定地点相聚，分享周末聚会的照片，将文学和其他艺术形式融合在一起。她们的姐妹情谊堪称典范，因为她们已经意识到一起合作是最好的共赢方式。

莱亚·萨拉梅（Léa Salamé）、罗塞琳·费布雷（Roselyne Febvre）和瓦内萨·伯格拉夫（Vanessa Burggraf）是记者，也是朋友。在2000年代末，她们签署了一份"互不侵犯"协议。"三位朋友举杯相庆，互相承诺：我们之间永远不会背叛，永远互相帮助。"莱亚·萨拉梅更进一步，推荐她的朋友瓦内萨接替她成为访谈节目《夜未眠》(On n'est pas couché) 的专栏作家。**慷慨是姐妹情谊的载体。**

将姐妹情谊转化为具体行动

女性自主搭建女性专供的职业互助社群风靡一时。《女人们，彼此倾听吧》(Femmes, faites-vous entendre) 一书的作者克里斯蒂娜·穆索（Christine Moussot）指出，主题会议和辅导课程为女性提供了一个讨论自身困难的机会，她们同时也可以分享彼此的愿景，为彼此的职业发展提供助力。她还说，现在每一所大学、每一家大公司和每一个行业都有自己的互助社群。

《女性俱乐部和社群指南》(*Guide des clubs et des réseaux au féminin*)的作者埃马纽埃尔·加利亚尔迪（Emmanuelle Gagliardi）和瓦利·蒙泰（Wally Montay）解释说，这些社群中存在着一种真正的互助意识：

> 经验丰富的女性会向年轻女性提供建议，提醒她们要避开陷阱。而年轻女性们则毫不犹豫地向同龄人伸出援手。但是，你最不应该做的事情，就是以为来这里就能找到合作伙伴、客户。
>
> 相反，你必须问问自己能为他人带来什么，向他们敞开心扉。参与这些会面并不是苦差事，你会因为这些会面而精神焕发、信心倍增，为分享了自己的计划或焦虑的心情而感到高兴。
>
> **理想情况下，一名女性应该拥有三类社群：一个是与她们的专业领域相关的社群；一个是跨领域的社群；还有一个是与她们的兴趣相关的社群。**

第 6 章　女性团结与姐妹情谊

只有当你足够慷慨,社群就会发挥作用。33 岁的企业家克拉拉证实了这一点。

"我的第二个孩子出生后,我就一直梦想着创办自己的童装公司。于是,我启动了我的项目,还加入了一个企业孵化器。不到一年,我的网站就上线了。但是,由于缺乏经验,我遇到了许多挑战。在孵化器中的一位朋友建议我加入一个社群,她说这会对我的创业之路大有帮助。我浏览几个网站后,选择加入一个女性网络,满怀期待地注册并参加了一个活动。但我发现她们对我很冷淡,几乎不跟我交流,我因此感到愤怒,在半小时后就离开了。我把这个经历告诉了我的朋友,他批评了我的不耐烦,并建议我再试一次。"

"但我决定换一个社群,以免再次失望。在新的社群中,我遇到了一位刚建立育儿网站的年轻女士,我们很快就聊开了。我告诉她我认识许多保姆,给了她一些联系方式和推荐。她随后也询问了我的业务,在我提到我的网站时,开始给我提供各种建议。两年后,我们不仅经常合作,而且成了好朋友。我希望所有女性都能拥有这样的体验。最重要的是,不要带着利己的心态,而是应该怀着开放和慷慨的心去接触他人。"

弗洛伦斯·桑迪斯（Florence Sandis）是"打破天花板"组织的创始人，同时也是演讲家、顾问、教练、作家以及女性互助组织 mediaClub'Elles 的主席。她在女性领导力方面具有专业知识，同时也是姐妹情谊的倡导者。

"在我的电视行业生涯初期，我很少经历女性之间的竞争，但当我开始从事与赋权女性相关的工作时，我对该行业产生了幻灭。我确实遇到了一些典型的竞争，但我都克服了，因为我深知这既是人际关系的一部分，也是电视行业的特性。然而，最让我失望的是，在一些声称要互帮互助的女性圈子里，我却看到了不良竞争。令我难以置信的是，其中一位女性竟然利用我的人脉进行个人交流，而且丝毫不关心这是否会伤害到我的感受。但是，在经历了失望和痛苦之后，我发现自己变得更坚强，更勇于展示自己。我做了之前未曾尝试过的事情：我走上街头，在社交媒体上开展交流，这使我的工作和知名度都有了显著提升。因此，我最终学会了宽容，因为我明白那些不良的竞争行为源自对自己缺乏信心。"

"在志愿服务领域，我也发现了这种竞争，但我听说这在其他领域也很常见。有些人为了权力而担任协会主席，却无法容忍其他人出于同样的理由行动。当我为媒体界的

第 6 章　女性团结与姐妹情谊

女性建立女性互助组织 mediaClub'Elles 时，我是为音像行业的女性服务，而且我没有任何个人职业上的利害关系，因为那已不再是我的工作领域。"

"最重要的是，我决定坚守自己的价值观——互助和姐妹情谊，并朝着这个方向前进。我很高兴我们的组织能有一个由 13 位杰出女性组成的董事会。我们的社群不断扩大，为我们带来了在媒体行业中罕见的团结形象和姐妹情谊。如今，在我的职业生涯和志愿服务中，我每天都能体验到姐妹情谊的力量。这是无价之宝！"

"当我的书出版时，我真正体验到了姐妹情谊的力量：女性们不仅谈论我、推荐我，而且帮助我而不求回报。我惊讶地发现，玛丽恩·达里尤托（Marion Darrieutort）在我的书出版时，她的传媒公司邀请我参加新书发布活动，并在我不知情的情况下，将我的书送给了一家奢侈品公司，这家公司随后邀请我在世界各地发表演讲。这是姐妹情谊的完美典范。当别人问我哪位女性给我留下了深刻印象时，我首先想到的就是她，因为她的行为深深打动了我。"

"其实，你并不需要很多人。只需三五名女性互相帮助，就能创造奇迹，有时这足以帮助你取得成功。我想引用娜塔莉·哈特-拉尔多（Nathalie Hutter-Lardeau）的话，她本人也是一位企业家。她只雇用女性员工，还经常帮助其他女企业家。她是团结和创业方面的榜样,她时刻考虑他人的需求。例如,当我对自己展现出的形象有疑虑时,她会安排她的设计师帮助我;当我们的协会需要资金时,她总是及时出现。事实上,这些都不是预先计划好的,也不是被迫的。"

"姐妹情谊体现在女性之间的相互支持、帮助、倾听和换位思考上,我们总是先考虑对方的感受,想着什么能让对方开心,什么对对方有用,甚至是为对方提供机遇。我们这么做,并不是期望得到什么回报,但奇迹般地,回报自然而然就来了。即便你不这样做,也无伤大雅:帮助女性本身就能带来更多个人收益。我已经能够退一步来看待这个问题。"

"我接受了这样一个观点:**女性并不完美,我们为什么还要求她们比男性更完美?男性也有自己的竞争心理。如果平等意味着不再相信所有女性天生就有同情心和同理心,那又如何?** 随着年龄的增长,我意识到这并不那么**重要**。你越进步,你周围的人就越好,而与你一起进步的人才最重要。尽管如此,如果所有女性都能相互支持,那就太好了:不再有男性的统治,你相信吗?"

因此,姐妹情谊的建立得到了技术的推动。虽然数字时代可

第 6 章　女性团结与姐妹情谊

能成为竞争的温床,但它也可以成为姐妹情谊的媒介。弗洛伦斯·桑迪斯深刻感受到了这一点。

"在我为公司提供的集体辅导课程中,我看到了这种需求。女性告诉我,'姐妹情谊'这个词在此之前对她们而言很空洞,但经过培训后,它变得充满了实际意义。一些女经理告诉我,她们从未像这样在职业环境中交流过想法,也从未如此深入地交谈过。这对她们非常有帮助,也拉近了她们之间的距离。我经常鼓励她们建立聊天群,这样在课程结束后,她们还能继续交流。我的目的不仅是提供工具,帮助她们更上一层楼,发展领导力,而且还要营造一种氛围和联系,让她们在公司内部找到能够互相支持和倾诉的对象。这将产生长远的影响:这是真正的互助力量。"

"在我看来,代际关系也很重要。我欣赏那些经验丰富的女员工向年轻女员工提供帮助,也同样欣赏年轻女员工向有经验的女员工学习。"

"事实上,姐妹情谊对我来说不仅仅是一个词或一个想法,它必须转化为具体的行动才能真正存在。让我们都下定决心,哪怕只是切实帮助身边的两三位女性,我们也能创造奇迹!"

三个过滤器：真东西、好东西和有用的东西

在谣言和假新闻泛滥的今天，发生在 2 400 年前的苏格拉底的故事却对我们极具启发性。

一天，一个人来找苏格拉底，想要和他谈谈他朋友的事情。哲学家问他是否核实了这个消息的真实性。

"没有，"那人回答，"我只是听说的。"

苏格拉底继续问："你要告诉我的事情是好事吗？"

"不是。"那人承认。

"那它对我有用吗？"

"没用。"

苏格拉底总结道："如果你要告诉我的东西既不真实、也不好、更无用，那就别再提了，忘掉它吧。"

我们使用真、善、有用这三个过滤器应对女性之间的流言是非常明智的。女性可能会因流言体验到背叛、怨恨、仇恨、愤怒、嫉妒和羡慕，所有这些都会腐蚀我们的灵魂。

有多少女性习惯于评论其他女性的"缺点"（如体重和身材等），甚至散布谣言？但这个行为使我们降低了自己的价值。我们可能会失去真诚的友谊，甚至在这个过程中迷失自己。

他人对我们的看法从很早开始就影响着我们与其他女性的

第 6 章 女性团结与姐妹情谊

关系。关注外表，渴望符合某种标准，以及想要模仿我们认为美丽的人，这些因素都可能阻碍并限制我们。

如果我们难以喜欢自己，又如何能够欣赏其他女性，而不感到自卑呢？卡米耶·弗罗伊德沃·梅特丽对这一现象进行了分析，富有启发性。

> 从女性主义者的角度看，长期以来，对外表的过度关注被解释为顺从男性的要求。然而，今天，我认为最重要的是要重新认识我们的身体，思考我们应该赋予它什么样的意义和价值。
>
> 对于每个女性来说，每天早晨都应该有意识地、经过深思熟虑地塑造自己的外表，使其符合自己的精神状态、想要展现的形象，以及自己的审美理想。
>
> **作为女性主义者，如果我们希望女性享受尽可能多的身体自由，我们就必须接受这种自由可能会带来截然不同的选择。**例如，我们需接受一些女性以极端女性化的方式展现自己，比如穿着裙子和高跟鞋等。我们不能一方面宣称女性可以自由地根据自己的喜好装扮自己，另一方面又制定新的规范，批评那些不符合某些女性主义理念的选择，如化妆或做整容手术。

如果我们因文化和社会的影响而陷入性别内部竞争，那么我们就需要时间来构建与其他女性之间的新关系。但是，认识到这种竞争传统，是我们通向姐妹情谊之路的第一步。

女性团结宣言

"在我成长的年代，人们常将女性比作猫，彼此竞争、相互争斗，"简·方达（Jane Fonda）[1]说，"实际上，如果我们能够团结一致，我们能够取得的成就将是无限的。"

是时候结束女性之间的竞争、消极的攻击态度和陈腐的说辞了。年轻一代已经意识到这一点，并全心全意地投身于一些对她们而言似乎极为艰难的挑战中。我们生活在一个充满复杂问题的时代，面对民粹主义抬头、气候变化威胁、社会暴力和战争，这些问题令我们感到恐惧、无所适从。通过处理这些看似私密性的问题，我们意识到这些问题具有普遍性，所有女性都拥有相同的愿望和梦想。要实现这些梦想，我们需要众口铄金，积少成多。

首先，我们必须认识到，我们有时候会本能地行事和做出反应。我们可能在见到新来的女同事之前就因为她是女性而对她产生敌意。我们可能会嫉妒自己最好的朋友怀孕，因为我们自己努

---

[1] 美国女影星，奥斯卡影后。1957年，简·方达在去法国避暑期间，与奥斯卡最佳女主角葛丽泰·嘉宝（Greta Garbo）邂逅。嘉宝认为方达的可爱足以让她成为电影演员并且鼓励方达实现目标。简·方达在嘉宝的鼓励下去了纽约戏剧学院接受培训，并开始向影坛进军。

第 6 章 女性团结与姐妹情谊

力多年,却未能成功怀孕。我们批评其他女性的体重和外表,却忽略她们可能经历了什么,仅仅因为评判他人似乎是女孩们聚在一起时的常态。

让我们将英国历史学家亨利·托马斯·巴克尔(Henry Thomas Buckle)的格言作为我们的座右铭:"伟大的头脑讨论思想,平凡的头脑讨论事件,渺小的头脑讨论人。"我们不应再做那些只讨论他人的小人物了。

让我们将克洛艾·德洛姆①(Chloé Delaume)的宣言作为我们自己的宣言:

> "姐妹情谊是一种态度。永远不要故意伤害女性。绝不在公开场合批评女性,绝不蔑视女性。姐妹情谊具有包容性,不分等级,不分出身。"

---

① 法国作家克洛艾·德洛姆(Chloé Delaume)2020 年以反思女权主义的小说《合成心脏》(Le Coeur synthétique)获得了美第奇奖的法语小说奖。51 岁的德洛姆在实验文学方面做了诸多努力,早在 2017 年,她提出了一项为期 10 个月的女性主义乌托邦写作计划,并得到了巴黎市政府的资助,该项目致力于展示丰富的妇女形象,包括文本和图像等多种形式,从而引导社会共同探讨女性主义乌托邦和女性情谊等概念。

女性之间的
隐秘战争

EN FINIR AVEC
LA RIVALITÉ
FÉMININE

结 语
EN FINIR AVEC LA RIVALITÉ FÉMININE

个人生活和工作中建立姐妹情谊的建议

我们已经将厌女症深深内化，以至于在不自知的情况下不断复制这种现象。如果我们有一个充满毒舌、满是嫉妒的母亲，我们可能会对其他女性表现出类似的态度。也许我们的姐姐或妹妹曾抢走了母亲的爱，我们无法平息内心的怨恨，只能选择报复，类似的负面行为似乎无处不在。但我们真的愿意继续做现代的达纳伊德人（Danaïdes），不断地在竞争的无底洞中挣扎吗[1]？

如果我们意识到了自己的这些行为，并且仍旧坚持发表令人不快的评论，追求占有而不是分享，忽视对他人造成的伤害，那我们实际上也在背叛自己。既然我们已经意识到这一点，我们就

---

[1] 埃及王有两个孪生儿子达纳伊德兄弟，兄有50个女儿，弟有50个儿子，弟要兄的50个女儿嫁给自己的50个儿子。在新婚之夜，达纳伊德姐妹各自杀死了丈夫。神为了惩罚她们就设了一只水缸，罚她们往里注水直到满为止，但水缸永远注不满，寓有徒劳之意。

可以开始寻找姐妹情谊的曙光。但毕竟我们都是人类，每个人都可能会有嫉妒和羡慕的情绪。

让我们尝试用钦佩来化解嫉妒。这是作家、精神病学家和心理治疗师克里斯托弗·安德烈（Christophe André）推荐的方法之一："对抗嫉妒的一个有效办法就是学会欣赏而非嫉妒。当我们钦佩他人时，我们在内心深处看到了对方的优点，希望自己也能拥有这些优点。"

社会学博士梅丽萨·布莱斯（Mélissa Blais）解释道："让女性团结一致并非轻而易举，女性之间的团结也不会自然而然地形成，我们需要通过积极的努力和行动才能实现这种团结。"因此，在结语部分，我们希望给你提供一些建立姐妹情谊的有效措施，希望你能将其付诸实践。

在个人生活中，有利于建立姐妹情谊的建议

◎ 不要说其他女性的坏话或闲话。
◎ 享受友谊带来的好处，多陪伴你的朋友。如果有什么事情困扰着你，就直言不讳，不要积累怨恨。
◎ 将姐妹视作一份珍贵的礼物。童年的秘密能将你们紧密相连。

结　语

在工作中，有利于建立姐妹情谊的建议

◎ 在会议上支持其他女性，重视她们的想法和建议，让她们拥有更多发言权。如果一位女性在会议中被打断，请她继续她的发言。这样，她就可以表达自己，而你也无需引入外援。

◎ 认可女性的想法、贡献和成就。无论是在会议上，通过电子邮件，还是在非正式场合，都应公开赞扬那些取得成就的女性。

◎ 如果你听到性别歧视的笑话或评论，不要放弃反击的机会。即使是一句"我不觉得这好笑"或"你这话什么意思？"也能打断那些不适当的言论。当这些评论不是针对你时，你会更容易做到这一点。

◎ 对女上司、女同事和直接下属的期望不应高于男性。摒弃对女性（包括你自己）的双重标准。以积极的态度看待别人的意图，如果她们的行为让你感到困惑，那就保持好奇心，主动了解背后的原因。

◎ 向工作时间比你长的人学习。多与经验丰富的女性同事交流，向她们分享你自己的奋斗经历和克服困难的经验，她们可能会对你表示欣赏。

◎ 如果你已经在事业上取得成功，就不要让其他女性在职场上走同样的弯路，相反，要愿意分享经验，帮助她们成功。

◎ 安排时间，让女性同事可以向你寻求建议。许多女性只是需要一个可以倾诉的地方或对象。

◎ 了解你周围的高潜力女性，这样在晋升和加薪时，你就可以为她们发声。

以下是一些书籍和电影推荐，能够帮助你更好地认识、建立姐妹情谊：

1.《我的最佳闺蜜》（*Mes meilleures amies*）：一部关于朋友间竞争的疯狂喜剧。

2.《无辜者》（*Les Innocentes*）：一位年轻医生帮助修道院中的修女们。

3.《互助》（*La Couleur des sentiments*）：背景设在20世纪60年代密西西比州的种族隔离时期，讲述女性间的团结与互助。

4.《油炸绿番茄》（*Beignets de tomates vertes*）：故事讲述了两位女性，露丝和伊姬，她们将经历一段难以置信的友谊，进而体验姐妹情谊。

5.《女人之源》(*La Source des femmes*)：讲述妇女团结起来发起反抗的故事，该故事呼应了阿里斯托芬的《利西翠妲》。

6.《风暴中的女孩》(*Les Orageuses*)：被强奸的女孩们团结起来，为自己发声。

7.《半轮黄日》(*L'Autre moitié du soleil*)：关于比亚法拉独立的故事，其中两个双胞胎姐妹在命运的漩涡中渐行渐远。

8.《母女魔法符咒》(*Talisman à l'usage des mères et des filles*)：一本关于传承、母亲与女儿之间关系的感人之作。

9.《姐妹情谊》(*Sororité*)：一个姐妹合唱团思考未来世界。

中资海派文化 GRAND CHINA

READING YOUR LIFE

人与知识的美好链接

20 年来，中资海派陪伴数百万读者在阅读中收获更好的事业、更多的财富、更美满的生活和更和谐的人际关系，拓展读者的视界，见证读者的成长和进步。现在，我们可以通过电子书（微信读书、掌阅、今日头条、得到、当当云阅读、Kindle 等平台），有声书（喜马拉雅等平台），视频解读和线上线下读书会等更多方式，满足不同场景的读者体验。

关注微信公众号"**中资海派文化**"，随时了解更多更全的图书及活动资讯，获取更多优惠惊喜。你还可以将阅读需求和建议告诉我们，认识更多志同道合的书友。让派酱陪伴读者们一起成长。

微信搜一搜　　🔍 中资海派文化

了解更多图书资讯，请扫描封底下方二维码，加入"中资书院"。

也可以通过以下方式与我们取得联系：

- 📱 采购热线：18926056206 / 18926056062
- 📞 服务热线：0755-25970306
- ✉️ 投稿请至：szmiss@126.com
- 🌐 新浪微博：中资海派图书

更多精彩请访问中资海派官网　　www.hpbook.com.cn　›